水文水资源利用与管理研究

杨　静　薛　冰　邵丽盼·卡尔江　主编

图书在版编目（CIP）数据

水文水资源利用与管理研究 / 杨静，薛冰，邵丽盼·卡尔江主编. — 哈尔滨 ：哈尔滨出版社，2023.1
ISBN 978-7-5484-6820-2

Ⅰ. ①水… Ⅱ. ①杨…②薛…③邵… Ⅲ. ①水文学—研究②水资源—资源利用—研究③水资源管理—研究 Ⅳ. ①P33②TV213

中国版本图书馆 CIP 数据核字（2022）第 189853 号

书　　名： 水文水资源利用与管理研究
SHUIWEN SHUIZIYUAN LIYONG YU GUANLI YANJIU

作　　者： 杨　静　薛　冰　邵丽盼·卡尔江　主编
责任编辑： 张艳鑫
封面设计： 张　华

出版发行： 哈尔滨出版社（Harbin Publishing House）
社　　址： 哈尔滨市香坊区泰山路 82-9 号　**邮编：** 150090
经　　销： 全国新华书店
印　　刷： 河北创联印刷有限公司
网　　址： www.hrbcbs.com
E - mail： hrbcbs@yeah.net
编辑版权热线： （0451）87900271　87900272

开　　本： 787mm×1092mm　1/16　**印张：** 9.75　**字数：** 210 千字
版　　次： 2023 年 1 月第 1 版
印　　次： 2023 年 1 月第 1 次印刷
书　　号： ISBN 978-7-5484-6820-2
定　　价： 68.00 元

编委会

主　编

杨　静　河南省南阳市水文水资源勘测局

薛　冰　河北省廊坊水文勘测研究中心

邵丽盼·卡尔江　新疆维吾尔自治区灌溉排水发展中心

副主编

范勇勇　黄河口水文水资源勘测局

郭向军　晋城市水利勘测设计院

姜大伟　北票市水资源办公室

吕　望　黄河水利委员会黄河水利科学研究院

刘力辉　新疆兵团勘测设计院（集团）有限责任公司

李泉娥　济南市水利工程服务中心

王艳华　黄河水利委员会黄河水利科学研究院

张小平　山东省国土空间规划院

张志国　赤峰水文水资源分中心福山地水文站

（以上副主编排序以姓氏首字母为序）

前　言

1992 年 6 月，在巴西里约热内卢召开的联合国环境与发展大会上联合国首次将可持续发展战略作为全球发展战略，并得到与会国的强烈赞同并顺利通过可持续发展的三个文件与两个国际公约，对于各国的可持续发展具有标志性作用，是当今人类社会可持续发展的新思想。作为发展中国家的中国，目前需要迫切解决的重大问题之一就是针对我国未来小康社会与现代化社会全面建设的承载能力，开展水资源相关研究，在可持续发展框架下提出区域水资源的最大支撑能力的方法，探讨水资源管理、科学评价及规划方法，使水资源与社会经济、环境实现协调发展。

二十世纪三四十年代，开始有了优化水资源的规划管理研究，随着计算机技术在五十年代后的发展，基于非线性规划、线性规划、模拟技术与动态规划方法的水资源系统分析发展迅速并得到较为广泛的应用，并产生以模型形式开展水资源优化管理研究的雏形。

近二十年来，水资源合理规划研究得到不断完善，因水污染与水危机在此时期日益加剧，生态环境效益、水质约束及水资源可持续利用的相关研究对于联合优化水资源系统特征与社会经济、环境生态等问题考虑得越来越全面，主要体现在优化模型目标函数不仅具有普适的经济目标在模型中产生水质、生态环境及社会目标，而且将更多地将某些随机因素纳入水资源模型中，基于多目标规划的水量型—水质型—综合性发展态势得到重要表现。

目　录

第一章　我国水资源的特点及形势

第一节　水资源的概念及特点

一、水资源的基本概念

在《英国大百科全书》中，水资源被定义为“全部自然界中任何形态的水，包括气态水、液态水和固态水”。此定义被广泛引用，这与《英国大百科全书》的权威性有很大关系。1977 年，联合国教科文组织（UNESCO）建议“水资源应指可资利用或有可能被利用的水源，这个水源应具有足够的数量和可用的质量，并能在某一地点为满足某种用途而可被利用”。

我国《水法》中所称的水资源，仅指地表水和地下水。主要指江、河、湖泊、人工河道中的水以及陆地上的地下水。虽然废水冰雪和海水也是一种资源，但水资源一般不包括它们。

《环境科学词典》：特定时空下可利用的水，是可再利用资源，不论其质与量，水的可利用性是有限制条件的。

《中国大百科全书》是国内最具有权威性的工具书，但在不同卷册中对水资源给予了不同解释。如在大气科学、海洋科学、水文科学卷中，水资源被定义为“地球表层可供人类利用的水，包括水量（水质）、水域和水能资源，一般指每年可更新的水量资源（叶永毅，1987）”；在水利卷中，水资源则被定义为“自然界各种形态（气态、固态或液态）的天然水，并将可供人类利用的水资源作为供评价的水资源”。在地理卷中水资源被定义为“地球上目前和近期人类可以直接或间接利用的水，是自然资源的一个组成部分”。

总的来说，水资源分为广义水资源和狭义水资源。广义的水资源是指地球上水的总体，包括大气中的降水，河湖中的地表水，浅层和深层的地下水、冰川、海水等。狭义的水资源是指与生态系统保护和人类生存与发展密切相关的、可以利用的，逐年能够得到恢复和更新的淡水，其补给来源为大气降水。目前，水资源主要是开发利用河水、湖水、浅层地下水等。

二、水资源的特点

关于水资源的特点，择要列举以下几点。

（一）水资源的自然属性

1. 水资源具有水文关联性、生态关联性

水资源是水与土地连在一起的水体、水生态系统，参与自然界的水文循环和生态系统的物质循环、数量流动和信息交流。

2. 水资源具有自然的持续流动性

水资源储量有限，但可以循环再生，这是水资源不同于土地资源和其他公共资源的根本特征。

3. 水资源具有季节性、地域性和整体性

在不同时间和地域，法律规定的水资源的范围也有所不同。水资源随着自然周期随机变化。水资源以流域或水文地质单元构成一个统一体，每个流域的水资源都是一个可以流动的、转化的、完整的统一体。

4. 水资源补给的循环性

地球上的水体不断地循环。水资源在循环过程中不断得到恢复和更新。水循环的无限性赋予水资源取之不尽、用之不竭的特性。不同水体的更新周期不一样，河水更新一次大约需要 14 天，而湖泊的更新周期平均为 10 年。在估算水资源量时，根据统计时段的不同，水资源的恢复量也不同。从这种意义上说，水资源是一种动态资源。

5. 水资源变化的复杂性

水资源变化的复杂性表现在地区分布的不均衡性和变化的不稳定性两个方面。从水资源的地域分布看，有些国家，无论是水资源的绝对拥有量，还是人均拥有量，都比较高，而另一些国家则相对较少。水资源变化的不稳定性表现为地表水和地下水具有年内变化和年际变化。

（二）水资源的经济属性

1. 稀缺性

经济学中，稀缺性是指在既定资源赋予技术水平下，相对于人的欲望而言，资源的供给是不足的。作为自然资源之一的水资源，其第一大经济特性就是稀缺性。其稀缺性同时包含着物质稀缺性和经济稀缺性两个方面，并且二者是可以相互转化的。如缺水区自身的水资源的绝对数量都不足以满足人们的需要，因而，当地的水资源具有严格意义上的物质稀缺性，但如果考虑跨流域调水，海水淡化、节水、循环使用等技术方法，水资源的稀缺性将最终体现为经济稀缺性，只是所需要的生产成本相当高而已。结合水资源的自然特点，水资源的稀缺性又是动态变化的，不同地区、不同年份或季节，水资源的稀缺程度是变化的。

2. 不可替代性

水资源是一切生命赖以生存的基本条件，是生态和环境的基本要素，也是经济社会的重要生产要素，其作用与自然特质决定了水资源是人类社会生存和发展不可替代的自然资源。水资源的不可替代性不仅强化了其在自然、经济与社会发展中的重要程度，也增强了其稀缺性对经济社会发展的制约程度。

3. 垄断性

（1）受自然条件限制，水资源具有自然垄断性。由于气候地理条件等不同，各地区的水资源禀赋各不相同，加之长距离调水的不经济性，造成了各地区用水的自然垄断格局；

（2）由于水资源的特殊性，为保证社会各阶层和各个方面在用水方面的公平合理，政府必须采取法律、行政等管制措施实施管理，从而使水资源具有行政垄断性；

（3）经生产加工后的水资源是一种特殊商品，流通性相对较差，供需双方不能自由选择，其经营主体一旦确定，就具有市场垄断性。

4. 准公共物品性

公共物品是指那些在消费上具有非竞争性与非排他性的物品。准公共物品介于私人物品和公共物品之间，具有公共物品和私人物品的两重属性，相对于公共物品而言，准公共物品尽管是公共的或是可以共用的，不能够排斥其他人的使用，但其使用和消费地域、受益范围可能呈现局限性，存在着“拥挤效应”和“过度使用”的问题。水资源具有典型的准公共物品特征，具有有限的非竞争性与非排他性，其最主要的特点在于具有“拥挤性”，当政府免费提供水资源或仅象征性地收费时，人们会无控制地过度消费，在大家都可以使用却不能限制别人使用的情况下，极易造成资源的过度开发，即受益的不可排他性导致的资源枯竭与破坏，造成“公地悲剧”。但水资源的使用又具有排他性和竞争性，经过取水设施供应到最终用户所用的水就变成了商品，属于典型的“私人物品”。

5. 开发利用的外部性

外部性是指在实际经济活动中，经济主体对他人造成损害或给他人带来利益，却不必为此支付成本或得不到应有的补偿。外部性分为外部正效应（或外部经济）和外部负效应（或外部不经济），外部正效应是指经济主体对他人产生的有利影响，外部负效应则相反。

外部性的存在对资源会产生不当利用情形，导致市场有效配置资源的功能失灵。水资源开发利用的外部负效应表现为三个方面：

（1）水资源的代际外部性或代内外部性，也可称之为纵向外部性，即现在的用水行为可能对后来者的福利产生影响，导致后来者可用水量减少；

（2）取水成本外部性，在一定流域、一定时期内，水资源的可获取量是相对稳定的，用水行为对相关联的取水者产生影响，并增加他人取水成本；

（3）环境外部性，水资源的过度开采利用，造成生态环境的破坏，如水污染降低了水资源的质量，地下水位的下降、海水倒灌和土壤盐碱化等降低了水资源的再生能力，增加了社会边际成本。同时，节水、治污、水土保持及水利工程建设等行为存在外部正效应，降低他人取水成本，改善生态环境，提高用水效益，进而增加社会总福利。

（三）水资源的社会属性

1. 水资源具有利与害的两重性

水资源既是一种宝贵的自然资源，也是一种灾害源，其有用性具有相对性。例如洪水既具有清理河道、净化水体的有利作用，又具有损坏农田、泛滥成灾的有害性。

2. 水资源具有专有性和共享性

水资源的来源是雨水，具有可移动性、可再生性、共享性等自然属性。水资源是一种专有性及独立性较低、共享性较强的物体。虽然水资源具有共享性，但仍可以通过人为占有、国家垄断、制定用水许可和确立水权等方式造成水资源的稀缺性和专有性。水资源的长期、稳定、大量供给依赖于水利设施，但水利设施具有投资大、投资周期长的特点，由水利设施提供的水资源具有私人物品和公共物品相交叉的混合特征。

3. 多用途性且不可替代性

水资源是生产、生活、生态不可缺少的资源，具有广泛用途。我们可以用人造金刚石来代替天然金刚石，可以用核原料来代替煤进行发电，但我们却无法制造水的替代品或利用其他自然物质来替代水。

三、水资源的用途

水资源利用，是指通过水资源开发，为各类用户提供符合质量要求的地表水和地下水可用水源以及各个用户使用水的过程。水资源的利用按照不同分类标准，可分为很多类型。

1. 按水资源的利用方式可分为河道内用水和河道外用水。河道外用水是指采用取水、输水等工程措施，从河流、湖泊、水库和地下含水层将水引至用水地区，提供城乡生产、生活和生态与环境用水所需的水量。

河道内用水（in stream water use）是指为维护生态环境和水力发电、航运等生产活动，要求河流、水库、湖泊保持一定的流量和水位所需的水量。其特点是主要利用河水的势能和生态功能，基本上不消耗水量或污染水质，属于非耗损性清洁用水；河道内用水是综合性的，可以“一水多用”，在满足一种主要用水要求的同时，还可兼顾其他用水要求。

按照利用目的和效益的不同，可将河道内用水归纳为两类：一类是生产性用水，包括水力发电、水运交通、淡水养殖和旅游等，能获得直接经济效益；另类是环境用水，包括防淤冲沙、水质净化、防凌及维持野生动植物的繁殖，沼泽、湿地等生态环境，具有重大的社会、环境效益。

河道内用水与河道外用水（包括工农业用水及生活用水）既互相联系又互相影响，河道引出水量过多会严重威胁依赖河水生存的鱼类和其他野生动物，应通过分区的水量平衡分析，按照统筹兼顾的原则，合理确定河道外用水与河道内用水的比例。生态环境需水极为重要，在河道内用水中起主导作用，目前缺乏可供定量的背景资料和成熟的估算方法，所以许多国家的水资源评价及流域规划尚未考虑这方面的用水要求。

美国于 1978 年完成的第二次水资源评价报告——《全国水资源（1975-2000）》，首次考虑了鱼类和其他野生动物、航运、旅游等河道内用水要求。建立河道内、河道外用水通用的供需平衡模型，分析、计算各分区用水的满足程度，并提出了描述河道外与河道内用水矛盾情况的标准：当河道外耗水量大于或等于多年平衡年径流量时，河道内用水会出现严重局面；当河道外耗水量为多年平均年径流量的 70%~89% 时，河道内用水是紧张的；当河道外耗水量为多年平均年径流量的 40%~69% 时，河道内用水有潜在矛盾；当河道外耗水量小于多年平均年径流量的 40% 时，对河道内用水基本没有影响，是可以接受的。

2. 按水资源的利用方式可分为消耗性用水和非消耗性用水。引水灌溉、生活用水，以及液态产品中用作原料等都属于消耗性用水，其中可能有一部分回归自然水体，但数量和质量都已发生变化。水产养殖、航运、水力发电等则属于非消耗性用水。

3. 按水资源的用途可分为生活、生产和生态环境用水。其中生活用水只有河道外用水，而生产和生态环境用水则既有河道外用水，也有河道内用水。

（1）生活用水包括城镇居民生活用水和农村居民生活用水。

（2）生产用水包括各类产业的生产用水（含生产单位内部的生活用水）。其中第一产业（农业）用水分为农田灌溉和林牧渔业用水；第二产业用水分为工业用水和建筑业用水，其中工业用水可进一步划分为火（核）电工业、高用水工业和一般工业；第三产业一般不再细分。生产用水分类与国家统计局的产业划分标准保持相对一致，可以方便地获取各种社会经济发展统计指标，分析计算相应的指标用水定额。

（3）生态环境用水分为河道内生态环境用水和河道外生态环境用水。河道外生态环境用水包括维护生态环境功能用水和生态环境建设用水，河道内生态环境用水用于维持河道与河口的生态功能。

第二节　水资源的数量及分布

一、水资源的数量

地球上的总水量约为 13.86 亿 km^3，但其中 96.5% 的水是海水，而淡水资源仅占地球总水量的 2.5%，在这极少的淡水资源中，又有 69.56% 被冻结在南极和北极的冰盖以及高山冰川、永冻积雪中，难以利用。同时，深层地下水补充缓慢，开采后难以恢复，通常不作为可利用水资源。人类真正能够直接利用的淡水资源是江河湖泊水（约占淡水总量的 0.27%）和地下水中的一部分。

通常用河流年径流总量来衡量一个地区水资源的多少。径流就是降落在流域表面的雨水，除消耗于植物截流、下渗、蒸发和填洼的部分外，剩余部分的水在重力作用下从地面（经过坡地、沟、谷、溪、涧等）和地下汇集到小河，并沿河槽下泄的水流的统称。径流从雨水到达地面起，直到进入河槽所经过的路径有三条：一是从地面上流到河槽中的水流，称为“坡面径流”或“地表径流”；二是渗入土壤中的水经过表面土层横向流动到河槽的水流，称为“壤中流”或“表层流”；三是渗入土壤并渗到地下水位，如地下水位与河流河槽相交或相通，这种地下水便增长，最后成为地下水流（亦称“基河”“旱季径流”），注入河槽中。

二、水资源的分布

世界上不同地区因受自然地理和气象条件的制约，降雨和径流量有很大差异，因而会产生不同的水利问题。

非洲是高温干旱的大陆。从面积的角度来看，其水资源量在各大洲中为最少，不及亚洲或北美洲之半，并集中在西部的扎伊尔河等流域。除了沿赤道两侧的雨量较多外，大部分地区少雨，沙漠面积占陆地的三分之一。非洲有世界上最长的河流一尼罗河，其水资源哺育了埃及的古文明，至今仍与埃及经济息息相关。

亚洲是面积大、人口多的大陆，雨量分布很不均匀。东南亚及沿海地区受湿润季风影响，水量较多，但因季节和年际变化的影响，雨量差异甚大，汛期的连续降雨常造成江河泛滥，如中国的长江、黄河，印度的恒河等都常给沿岸人民带来灾难。防洪问题是这些地区沉重的负担。中亚、西亚及内陆地区干旱少雨，极不利于农业的发展，必须采取各种措施开辟水源。

北美洲的雨量自东南向西北递减，大部分地区雨量均匀，只有加拿大的中部、美国的西部内陆高原及墨西哥的北部为干旱地区。密西西比河为该洲的第一大河，洪涝灾害比较严重，美国曾投入巨大的人力和物力整治这一水系，并建成了沟通湖海的干支流航道网。美国在西部的干旱地区修建了大规模的水利工程，对江河径流进行调节，并跨流域调水，保证了工农业的用水需要。

南美洲以湿润大陆著称，径流模数为亚洲或北美洲的两倍有余，水量丰沛。北部的亚马孙河是世界第一大河，流域面积及径流量均为世界各河之首，水能资源也较丰富，但流域内人烟稀少，水资源有待开发。

欧洲绝大部分地区为温和湿润的气候，年际与季节降雨量分配比较均衡，水量丰富，河网稠密。欧洲人利用优越的自然条件，发展农业、开发水电、沟通航运，使欧洲的经济快速发展。

全球淡水资源不仅短缺，而且地区分布极不平衡。按地区分布，巴西、俄罗斯、加拿大、中国、美国、印度尼西亚、印度、哥伦比亚和刚果等 9 个国家的淡水资源占了世界淡水资源的 60%，约占世界人口总数 40% 的 80 个国家和地区严重缺水。目前，全球 80 多个国家约 15 亿人口面临淡水不足问题，其中，26 个国家的 3 亿人口完全生活在缺水状态。

预计到2025年，全世界将有30亿人口缺水，涉及的国家和地区达40多个。21世纪，水资源正在变成一种宝贵的稀缺资源，水资源问题已不仅仅是资源问题，更成为关系到国家经济、社会可持续发展和长治久安的重大战略问题。

第三节 我国水资源的特点及开发利用中存在的问题

一、我国水资源的特点

我国水资源的特点是什么，下面重点对其进行分析。

（一）水资源总量丰富，人均水资源占有量低

我国多年平均降水总量为6.2万亿 m^3，除通过土壤水直接利用于天然生态系统与人工生态系统外，可通过水循环更新的地表水和地下水的多年平均水资源总量为2.8万亿 m^3，水资源总量居世界第六位，仅次于巴西、俄罗斯、加拿大、美国和印度尼西亚。但我国人口众多，按照2011年公布的第六次人口普查的数据计算，我国人均水资源占有量为2 119 m^3，不足世界平均水平的三分之一，被列为世界上12个贫水国之一。按照国际公认的标准，人均水资源低于3 000 m^3 为轻度缺水；人均水资源低于2 000 m^3 为中度缺水；人均水资源低于1 000 m^3 为重度缺水；人均水资源低于500 m^3 为极度缺水。中国目前有16个省（区、市）人均水资源量（不包括过境水）低于严重缺水线，有6个省、区（宁夏、河北、山东、河南、山西、江苏）人均水资源量低于500 m^3。如果2030年我国人口增长到16亿，我国人均占有水资源将下降到1 750 m^3。人口的增长不仅会增加对水的需求，而且也会增加对资源和生态环境的压力，对水的有效利用会带来负面影响。

（二）地区分布不均，水土资源分布不平衡

我国陆地水资源总的分布趋势是东南多、西北少，由东南向西北逐渐递减。全国淡水资源中，黑龙江、辽河、海滦河、黄河、淮河及内陆诸河等北方七片总计5 493亿 m^3；长江流域为9 600亿 m^3，珠江流域为4 739亿 m^3，浙闽台诸河为2 714亿 m^3，西南诸河为4 648亿 m^3，南方四片合计为21 701亿 m^3。南方多数地区年降水量大于800 mm，北方及西北地区中大多数地区年降水量少于400 mm，新疆的塔里木盆地、吐鲁番盆地和青海的柴达木盆地中部，年降水量不足25 mm。

水土资源配置很不平衡。全国平均每公顷耕地径流量为2.8万 m^3。长江流域为全国平均值的1.4倍，珠江流域为全国平均值的2.42倍，黄淮流域为全国平均值的20%，辽河流域为全国平均值的29.8%，海滦河流域为全国平均值的13.4%。黄、淮、海滦河流域的耕地占全国总耕地面积的36.5%，径流量仅为全国的7.5%；长江及其以南地区耕地只占全国的36%，而水资源总量却占全国的81%；占全国国土面积50%的北方，地下水量只占

全国的31%。

（三）年内、年际降水量变化大

我国降水受季风气候影响，年内变化很大，一般长江以南（3~6月份或4~7月份）的降水量约占全年的60%，长江以北地区6~9月份的降水量常常占全年的80%，冬、春季缺少雨雪。北方干旱、半干旱地区的降水量往往集中在一两次历时很短的暴雨中。由于降水量过于集中，大量降水得不到利用，使可用的水资源量大大减少。

我国年际降水变化也很大，仅新中国成立以来就发生数次全国范围的特大洪水灾害。有些地方还出现连续的枯水年，这给水资源的充分利用和合理利用带来很大困难，加重了一些地区的水资源危机。

受全球性气候变化等影响，近年来，我国部分地区降水发生变化，水资源南丰北缺的趋势更加凸显。近20年来，全国地表水资源量和水资源总量变化不大，但南方地区河川径流量和水资源总量有所增加，而北方地区水资源量减少明显。北方部分流域已从周期性的水资源短缺转变成绝对性短缺，同时，极端气候的出现也加大了南方传统丰水地区发生干旱缺水的风险。

（四）雨热同期是我国水资源的突出优点

我国水资源和热量的年内变化具有同步性，称作雨热同期。每年的3~5月份后，气温持续上升，雨季也大体上在这个时候来临，水分、热量条件的同期有利于农作物的生长。这也是我国以占世界6.4%的土地面积和7.2%的耕地面积，养活了约占世界1/5人口的一个重要自然条件。

二、我国水资源的形势分析

对我国水资源的形势分析势在必行，下面针对我国水资源的几处问题做出分析。

（一）供需矛盾突出

我国人均可利用水资源量仅为900 m^3，并且分布极不均衡。尽管我国供水量从1980年的4 437亿m^3增加到了2009年的5 965亿m^3，但目前总缺水量达400亿m^3左右。我国600多个城市中，400多个城市存在供水不足问题，其中，缺水比较严重的城市达110个，全国城市缺水总量为60亿m^3。由于过量抽取地下水，目前全国已有70多个城市发生了不同程度的地面沉降，沉降面积已达6.4万km^2。由于地面沉降，华北一些地区的地下水循环系统平衡遭到破坏，地下水质恶化。

水资源短缺问题已成为我国经济社会发展的重要制约因素，影响到了国家的供水安全和粮食安全。我国北方地区缺水严重，华北地区人均水资源量仅为335 m^3，随着经济社会的快速发展，水资源供需矛盾日益尖锐，特别是近十多年的连续少雨。有监测显示，海河流域自20世纪80年代以来，降水量比多年平均值减少约10%，再加上水污染导致的水质性缺水，北方的水资源短缺问题变得更加突出。在我国南方，虽然降水比较充沛，但由于水利工程薄弱，水资源调蓄能力低，工程性缺水问题在山丘区十分突出，2010 年发生的西南五省大旱就是由于工程蓄水设施薄弱引起的严重旱灾。据预测，我国用水高峰将在 2030 年左右出现，届时我国城镇化率将达到 70% 以上，城镇供水人口将超过 11 亿，人均水资源量将降到 1 760 m^3，全国用水总量将达 7 000 亿 ~8 000 亿 m^3，占我国可利用水资源总量的 28% 左右。按国际一般标准，人均水资源量少于 1 700 m^3 为用水紧张的国家。而据国外经验，一个国家用水超过其水资源总量的 20% 时，就很有可能发生水危机。因此，我国潜在的水危机十分严峻，必须引起高度重视。

（二）用水效率不高

目前，全国农业灌溉年用水量约 3 800 亿 m^3，占全国总用水量的近 70%。全国农业灌溉用水利用系数大多只有 0.3~0.4 左右。发达国家早在 20 世纪 40~50 年代就开始采用节水灌溉，现在，很多国家实现了输水渠道防渗化、管道化，大田喷灌、滴灌化，灌溉科学化、自动化，灌溉水的利用系数达到 0.7~0.8。另外，工业用水浪费也十分严重。目前，我国工业万元产值用水量约 80 m^3，是发达国家的 10~20 倍；我国水资源的重复利用率为 40% 左右，而发达国家为 75%~85%。

中国城市生活用水浪费也十分严重。据统计，全国多数城市仅自来水管网“跑、冒、滴、漏”所造成的损失率就已达 15%~20%。

（三）我国水资源开发利用率高

目前，我国水资源开发利用率已达 19%，接近世界平均水平的 3 倍，个别地区更高。通常认为，当径流量利用率超过 20% 时，就会对生态环境产生很大影响，超过 50% 时，则会产生更严重的影响。目前，松、海、黄、淮片开发利用率已达 50% 以上。过度开采地下水，造成了地面沉降、海水入侵、海水倒灌等环境问题。因此，我国水资源的形势已威胁到经济社会的可持续发展。

（四）洪涝灾害频繁仍然是中华民族的心腹大患

我国处于低纬度的季风区，又受台风的强烈影响，暴雨洪水频繁发生。历史上洪水灾害对中国社会经济的发展有重要影响。20 世纪 90 年代的 10 年中有 6 年发生大水。2003 年，淮河又发生了大洪水，有的地方洪涝灾害年复一年，每年洪涝灾害都造成巨大的经济损失，特别是 1998 年的洪涝灾害，损失更加严重。步入新世纪后，国家大幅度增加了大江大河防洪工程的投入，重点堤防的工程的状况有了较大改善，但大江大河防洪体系尚不完善，中小河流防洪标准低，每年洪涝灾害损失仍很严重。因而洪涝灾害仍然是我国的心腹大患。2008 年夏季，南方 12 省区不同程度发生洪涝灾害。2009 年夏季，全国 160 多条中小河流发生超过警戒水位以上的洪水，200 余条多年断流或小流量河流出现罕见洪水。2010 年全国 437 条河流发生超警洪水，洪涝导致全国受灾人口达 2.1 亿，直接经济损失 3 713 亿元，因灾死亡 3 220 人，失踪 1 005 人。损失之重，过去十年之最。2011 年 6 月份以来，南方大部分地区发生4次大范围强降雨过程，长江、珠江、闽江等流域130多条河流发生超警戒水位以上洪水，其中贵州望谟河、安徽水阳江等24条河流发生超过保证水位的洪水，湖北陆水等6条河流发生超历史实测纪录的大洪水，浙江钱塘江发生1955年以来最大洪水，太湖发生超警戒水位洪水。据国家防总办公室统计，截至2011年7月1日，2011年洪涝灾害已造成27个省（自治区、直辖市）农作物受灾面积25 980 km’，成灾11 590 km^3，受灾人口3 673万人，因灾死亡239人，失踪86人，倒塌房屋10.65万间，直接经济损失432亿元。

（五）干旱灾害仍然是影响城乡人民生产生活的重大隐忧

干旱是我国最常见、对农业生产影响最大的气候灾害，干旱受灾面积占农作物总受灾面积的半以上，严重干旱年份比例高达75%。据不完全统计，从公元前206年到1949年的2155年间，我国发生过的较大旱灾有1 056次，平均每两年就发生一次大旱，如1928~1929年的陕西大旱，全境940万人中受灾死亡达250万人。新中国成立后，国家投入巨资兴修水利设施，扩大灌溉面积，大大改善农业生产条件，提高了防御干旱灾害的能力。但受气候条件制约及随着社会经济发展，人口增长，农业、工业和城市生活用水急剧增加，加上水环境恶化，可用水量减少，我国干旱发生频率仍然很高，受灾面积大，干旱灾害程度呈加重趋势。据《中国水旱灾害公报》公布的数据，1950~2007年，全国农业平均每年因旱受灾面积3.26亿亩，其中成灾面积1.86亿亩，年均因旱灾损失粮食158亿kg，占各种自然灾害造成粮食损失量的60%以上。

2006~2007年，四川、重庆部分地区发生了严重干旱，受灾人口突破6 800万人，因旱灾造成1 537万人、1 632万头大牲畜出现饮水困难，农作物因旱受灾面积6 000多万亩、成灾面积3 500万亩，造成较大的粮食减产和农业直接经济损失。

2009~2010年，西南五省（区、市）部分地区相继发生了秋、冬、春连旱，贵州、云南和广西部分地区更为严重。干旱持续时间之长、涉及范围之广、影响程度之深，均为历史罕见。据不完全统计，受灾人口5 100万人，因旱灾造成2 148万人、2 773万头大牲畜出现饮水困难，农作物因旱受灾面积9 373万亩，造成较大的粮食减产和工农业直接经济损失。由于干旱缺水，还造成经济林和天然植被大面积枯死，发生多起森林火灾。

2011年，长江中下游地区降水异常偏少，气候监测显示，1月1日至5月23日，长江中下游大部分地区降水量较常年同期偏少3%~80%，湖北、湖南、江西等7省市降水为近60年以来同期最少。各地相继出现严重的旱情。降水持续偏少导致江河、湖泊水位异常偏低，水体面积明显减少，农业生产受到影响，部分地区出现饮水困难。气象卫星遥感监测显示，长江干流各控制流量比常年同期偏少25%~70%。

世界银行曾测算，中国每年干旱缺水造成的损失约为350亿美元。

在全球气候变化的大趋势下，未来，旱灾的频率和程度势必增加，我国若不尽早改变目前的被动应急抗旱局面，未来极端干旱事件产生的后果可能是灾难性的，会直接威胁人民的生存与社会的稳定。

（六）水污染形势依然严峻

我国治污形势依然严峻，主要表现在：全国地表水总体为中度污染，Ⅳ、Ⅴ类占26.4%，劣Ⅴ类占24.3%。主要超标项目是氨氮、五日生化需氧量和高锰酸盐指数。

重点湖泊中，太湖为重度污染，轻度富营养状态；滇池水体为重度污染，重度富营养状态；巢湖水体为中度污染，轻度富营养状态；洱海、博斯腾湖、洞庭湖、南四湖、镜泊湖等大型湖泊为中度富营养状态；洪泽湖、鄱阳湖为轻度富营养状态；达赉湖、白洋淀为中度富营养状态。近岸海域水质差于上年同期，水质总体为中度污染。其中，黄海、南海水质为良，渤海为中度污染，东海为重度污染。酸雨污染仍然较重。监测的443个城市中，189个城市出现酸雨。

生态环境部公布了《2010环境状况公报》（以下简称《公报》）。《公报》显示，全国地表水污染严重，长江、黄河、辽河等七大水系总体为轻度污染，182个城市的地下水检测，显示水质为较差以下的占57.2%。对全国113个环保重点城市的集中式饮用水源地检测表明，城市取水总量中有23.5%的水质不达标。

《公报》显示，2010年，地下水质变差的城市主要集中在华北、东北和西北地区。2010年，全国废水排放总量为617亿吨，比上年增长4.7%，自2006年以来连续5年持续增长。生态环境部副部长李干杰指出，我国农村目前的污染排放已经占到全国污染排放总量的“半壁江山”。根据2010年完成的第一次全国污染源普查，农村污染排放的COD（化学需氧量）已占全国排放总量的43%，总氮占57%，总磷占67%。

（七）农村饮水安全形势严峻

据初步调查，全国农村有3亿多人饮水不安全，其中约6 300多万人饮用高氟水，200万人饮用高砷水，3 800多万人饮用苦咸水，1.9亿人饮用水有害物质含量超标，血吸虫病区约1 100多万人饮水不安全。有相当一部分城市水源污染严重，威胁到饮水水质。当前饮水水质带来的危害，已严重影响人们的生命健康。

三、我国对水资源重要性的战略定位

水资源既是基础性的自然资源，又是战略性的经济资源。2011年中央一号文件第一句话开宗明义地指出，“水是生命之源、生产之要、生态之基”。

众所周知，地球上最初的生命形态起源于水中，水是地球上所有生命形态的基本组分，是维持生物新陈代谢的基础性物质，人如果只摄取其他养分而不饮水，将只能存活7天。生产方面，水是农作物进行光合和水合作用的基本元素；水是工业最常用的冷却、动力、洗涤的介质，又被称为“工业的血液”；同时水又是三产的重要元素，洗浴业、餐饮业等均以水作为生产活动的基本原料。在环境系统中，水既是自然环境系统中侵蚀搬运—沉积、溶解—输移结晶过程的主要动力，也是经济社会系统营养物和污染物的传输介质，水维系着生态环境系统的形成、演化和运行。此外，水还具有鲜明的利害两重性，多则造成洪涝，少则导致干旱，脏则造成污染，浑则导致淤积。

一言以概之，水利是现代农业建设不可或缺的首要条件，是经济社会发展不可替代的基础支撑，是生态环境改善不可分割的保障系统，具有很强的公益性、基础性战略性。这样的定位，是对我国基本国情和基本水情的准确把握，是对长期治水经验的提炼总结。

第二章　水资源保护

第一节　水资源保护概述

水是生命的源泉，它滋润了万物，哺育了生命。我们赖以生存的地球有 70% 是被水覆盖着，而其中 97% 为海水，与我们生活关系最为密切的淡水，只有 3%，而淡水中又有 70%~80% 为川淡水，目前很难利用。因此，我们能利用的淡水资源是十分有限的，并且受到污染的威胁。

中国水资源分布存在如下特点：总量不丰富，人均占有量很低；地区分布不均，水土资源不相匹配；年内年际分配不匀，旱涝灾害频繁，水资源开发利用中的供需矛盾日益加剧。首先，是农业干旱缺水，随着经济的发展和气候的变化，中国农业，特别是北方地区农业干旱缺水状况加重，干旱缺水成为影响农业发展和粮食安全的主要制约因素。其次，是城市缺水，中国城市缺水，特别是改革开放以来，城市缺水愈来愈严重。同时，农业灌溉造成水的浪费，工业用水浪费也很严重，城市生活污水浪费惊人。

目前，根据中国环保局的有关报道：中国的主要河流有机污染严重，水源污染问题日益突出。大型淡水湖泊中，大多数湖泊处在富营养状态，水质较差。另外，全国大多数城市的地下水受到污染，局部地区的部分指标超标。由于一些地区过度开采地下水，导致地下水位下降，引发地面的坍塌和沉陷、地裂缝和海水入侵等地质问题，并形成地下水位降落漏斗。

农业、工业和城市供水需求量不断提高导致了有限的淡水资源更为紧张。为了避免水危机，我们必须保护水资源。水资源保护是指为防止因水资源不恰当利用造成的水源污染和破坏而采取的法律、行政、经济、技术，教育等措施的总和。水资源保护的主要内容包括水量保护和水质保护两个方面。在水量保护方面，主要是对水资源统筹规划、涵养水源、调节水量、科学用水、节约用水、建设节水型工农业和节水型社会。在水质保护方面，主要是制定水质规划，提出防治措施。具体工作内容是制定水环境保护法规和标准；进行水质调查、监测与评价；研究水体中污染物质迁移、污染物质转化和污染物质降解与水体自净作用的规律；建立水质模型，制定水环境规划；实行科学的水质管理。

水资源保护的核心是根据水资源的时空分布、演化规律，调整和控制人类的各种取用水行为，使水资源系统维持一种良性循环的状态，以达到水资源的可持续利用。水资源保护不是以恢复或保持地表水、地下水天然状态为目的的活动，而是一种积极的、促进水资源开发利用更合理、更科学的问题。水资源保护与水资源开发利用是对立统一的，两者既相互制约，又相互促进。保护工作做得好，水资源才能可持续开发利用；开发利用科学合理了，也就达到了保护的目的。

水资源保护工作应贯穿在水的各个环节中。从更广泛地意义上讲，正确客观地调查、评价水资源，合理地规划和管理水资源，都是水资源保护的重要手段，因为这些工作是水资源保护的基础。从管理的角度来看，水资源保护主要是“开源节流”、防治和控制水源污染。它一方面涉及水资源、经济、环境三者平衡与协调发展的问题，另一方面还涉及各地区、各部门、集体和个人用水利益的分配与调整。这里面既有工程技术问题，也有经济学和社会学问题。同时，还要广大群众积极响应，共同参与，就这一点来说，水资源保护也是一项社会性的公益事业。

第二节　天然水的组成与性质

一、水的基本性质

水分子是一个极性分子，—OH 键中的共用电子对强烈地偏向氧原子，使得氢原子带有部分的正电荷，从而形成偶极分子。水分子的结构是一个四面体氢键网络体。因此，也就决定了水分子具有以下基本性质。

1. 水的分子结构

水分子是由一个氧原子和两个氢原子过共价键键合所形成。由于氧原子的电负性大于氢原子，O-H 的成键电子对更趋向于氧原子而偏离氢原子，从而氧原子的电子云密度大于氢原子，使得水分子具有较大的偶极矩（μ=1.84 D），是一种极性分子。水分子的这种性质使得自然界中具有极性的化合物容易溶解在水中。水分子中氧原子的电负性大，O-H 的偶极矩大，使得氢原子部分正电荷，可以把另一个水分子中的氧原子吸引到很近的距离形成氢键。水分子间氢键能为 18.81 KJ/mol，约为 O-H 共价键的 1/20 氢键的存在，增强了水分子之间的作用力。冰融化成水或者水汽化生成水蒸气，都需要在环境中吸收能量来破坏氢键。

2. 水的物理性质

水是一种无色、无味、透明的液体，主要以液态、固态、气态三种形式存在。水本身也是良好的溶剂，大部分无机化合物可溶于水。由于水分子之间氢键的存在，使水具有许多不同于其他液体的物理、化学性质，从而决定了水在人类生命过程和生活环境中无可替代的作用。

（1）凝固（熔）点和沸点

在常压条件下，水的凝固点为 0 ℃，沸点为 100 ℃。水的凝固点和沸点与同一主族元素的其他氢化物熔点、沸点的递变规律不相符，这是由于水分子间存在氢键的作用。水的分子间形成的氢键会使物质的熔点和沸点升高，这是因为固体熔化或液体汽化时必须破坏分子间的氢键，从而需要消耗较多能量的缘故。水的沸点会随着大气压力的增加而升高，而水的凝固点随着压力的增加而降低。

（2）密度

在大气压条件下，水的密度在 4 ℃ 时最大，为 1×10^3 kg/m^3；温度高于 4 ℃ 时，水的密度随温度升高而减小；在 0~4 ℃ 时，密度随温度的升高而增加。

水分子之间能通过氢键作用发生缔合现象。水分子的缔合作用是一种放热过程，温度降低，水分子之间的缔合程度增大。当温度 ≤0 ℃，水以固态的冰的形式存在时，水分子缔合在一起，成为一个大的分子。冰晶体中，水分子中的氧原子周围有四个氢原子，水分子之间构成了一个四面体状的骨架结构。冰的结构中有较大的空隙，所以冰的密度反比同温度的水小。

当冰从环境中吸收热量，熔化生成水时，冰晶体中一部分氢键开始发生断裂，晶体结构崩溃，体积减小，密度增大。当进一步升高温度时，水分子间的氢键被进一步破坏，体积进而继续减小，使得密度增大；同时，温度的升高增加了水分子的动能，分子振动加剧，水具有体积增加而密度减小的趋势。在这两种因素的作用下，水的密度在 4 ℃ 时最大。

水的这种反常的膨胀性质对水生生物的生存发挥了重要的作用。因为寒冷的冬季，河面的温度可以降低到冰点或者更低，这是无法适合动植物生存的。当水结冰的时候，冰的密度小，浮在水面，4 ℃ 的水由于密度最大，而沉降到河底或者湖底，可以保水下生物的生存。而当回暖的时候，冰在上面也是最先融化。

（3）高比热容、高汽化热

水的比热容为 4.18×10^3 J/(kg•K)，是常见液体和固体中最大的。水的汽化热也极高，在 2 ℃ 下为 2.4×10^3(KJ/kg)。正是由于这种高比热容、高汽化热的特性，地球上的海洋、湖泊、河流等水体白天吸收到达地表的太阳光热能，夜晚又将热能释放到大气中，避免了剧烈的温度变化，使地表温度长期保持在一个相对恒定的范围内。通常生产上使用水做传热介质，除了它分布广外，主要是利用水的高比热容的特性。

（4）高介电常数

水的介电常数在所有的液体中是最高的，可使大多数蛋白质、核酸和无机盐能够在其中溶解并发生最大程度的电离，这对营养物质的吸收和生物体内各种生化反应的进行具有重要意义。

（5）水的依数性

水的稀溶液中，由于溶质微粒数与水分子数的比值的变化，会导致水溶液的蒸汽压、凝固点、沸点和渗透压发生变化。

（6）透光性

水是无色透明的，太阳光中可见光和波长较长的近紫外线部分可以透过，使水生植物光合作用所需的光能够到达水面以下的一定深度，而对生物体有害的短波远紫外线则几乎不能通过。这在地球上生命的产生和进化过程中起到了关键性的作用，对生活在水中的各种生物具有至关重要的意义。

3. 水的化学性质

（1）水的化学稳定性

在常温常压下，水是化学稳定的，很难分解产生氢气和氧气。在高温和催化剂存在的条件下，水会发生分解。另外，电解也是水分解的一种常用方式。

水在直流电的作用下，分解生成氢气和氧气，工业上用此法制纯氢和纯氧。

（2）水合作用

溶于水的离子和极性分子能够与水分子发生水合作用，相互结合，生成水合离子或者水合分子。这一过程属于放热过程。水合作用是物质溶于水时必然发生的一个化学过程，只是不同的物质水合作用方式和结果不同。

（3）水解反应

物质溶于水所形成的金属离子或者弱酸根离子能够与水发生水解反应，弱酸根离子发生水解反应，生成相应的共轭酸。

二、天然水的组成

天然水在形成和迁移的过程中与许多具有一定溶解性的物质相接触，由于溶解和交换作用，使得天然水体富含有各种化学组分。天然水体所含有的物质主要包括无机离子、溶解性气体、微量元素、水生生物、有机物以及泥沙和黏土等。

1. 天然水中的主要离子

重碳酸根离子和碳酸根离子在天然水体中的分布很广，几乎所有水体都有它们的存在，主要来源于碳酸盐矿物的溶解。一般河水与湖水中超过 250 mg/L 在地下水中的含量略高。造成这种现象的原因在于，如果在水中要保持大量的重碳酸根离子，则必须有大量的二氧化碳，而空气中二氧化碳的分压很小、二氧化碳很容易从水中逸出。

天然水中的氯离子是水体中常见的一种阴离子，主要来源于火成岩的风化产物和蒸发盐矿物。它在水中有广泛分布，在水中，其含量的变化范围很大，一般河流和湖泊中含量很小，要用 mg/L 来表示。但随着水矿化度的增加，氯离子的含量也在增加，在海水以及部分盐湖中，氯离子含量达到 10 g/L 以上，而且成为主要阴离子。

硫酸根离子是天然水中重要的阴离子，主要来源于石膏的溶解、自然硫的氧化、硫化物的氧化、火山喷发产物、含硫植物及动物体的分解和氧化。硫酸盐含量不高时，对人体健康几乎没有影响，但是当含量超过 250 mg/L 时，有致泻作用，同时高浓度的硫酸盐会使水有微苦涩味，因此，国家饮用水水质标准规定饮用水中的硫酸盐含量不超过 250 mg/L。

钙离子是大多数天然淡水的主要阳离子。钙广泛地分布于岩石中，沉积岩中方解石、石膏和萤石的溶解是钙离子的主要来源。河水中的钙离子含量一般为 20 mg/L 左右。镁离子主要来自白云岩以及其他岩石的风化产物的溶解，大多数天然水中，镁离子的含量在 1~40 mg/L，一般很少有以镁离子为主要阳离子的天然水。通常在淡水中的阳离子以钙离子为主；在咸水中则以钠离子为主。水中的钙离子和镁离子的总量称为水体的总硬度。硬度的单位为度，硬度为 1 度的水体相当于含有 10 mg/L 的 CaO。

水体过软时，会引起或加剧身体骨骼的某些疾病，因此，水体中适当的钙含量是人类生活不可或缺的。但饮用水水体的硬度过高时，会引起人体的肠胃不适，同时也不利于人们生活中的洗涤和烹饪。当高硬度水用于锅炉时，会在锅炉的内壁结成水垢，影响传热效率，严重时还会引起爆炸，所以高硬度水在用于工业生产之前，应该进行必要的软化处理。

钠离子主要来自火成岩的风化产物，天然水中的含量在 1~500 mg/L 范围内变化。含钠盐过高的水体用于灌溉时，会造成土壤的盐渍化，危害农作物的生长。同时，钠离子具有固定水分的作用，原发性高血压病人和浮肿病人需要限制钠盐的摄取量。钾离子主要分布于酸性岩浆岩及石英岩中，在天然水中的含量要远低于钠离子。在大多数饮用水中，钾离子的含量一般小于 20 mg/L；而在某些溶解性固体含量高的水和温泉中，钾离子的含量可高达到 100~1 000 mg/L。

2. 溶解性气体

天然水体中的溶解性气体主要有氧气、二氧化碳、硫化氢等。

天然水中的溶解性氧气主要来自大气的复氧作用和水生植物的光合作用。溶解在水体中的分子氧称为溶解氧，溶解氧在天然水中起着非常重要的作用。水中动植物及微生物需要溶解氧来维持生命，同时，溶解氧是水体中发生的氧化还原反应的主要氧化剂，此外水体中有机物的分解也是好氧微生物在溶解氧的参与下进行的。水体的溶解氧是一项重要的水质参数，溶解氧的数值不仅受大气复氧速率和水生植物光合速率的影响，还受水体中微生物代谢有机污染物速率的影响。当水体中可降解的有机污染物浓度不是很高时，好氧细菌消耗溶解氧分解有机物，溶解氧的数值降低到一定程度后不再下降；而当水体中可降解的有机污染物较高，超出了水体自然净化的能力时，水体中的溶解氧可能会被耗尽，厌氧细菌的分解作用占主导地位，从而产生臭味。

天然水中的二氧化碳主要来自水生动植物的呼吸作用。从空气中获取的二氧化碳几乎只发生在海洋中，陆地上的水体很少从空气中获取二氧化碳，因为陆地水中的二氧化碳含量经常超过它与空气中二氧化碳保持平衡时的含量，水中的二氧化碳会逸出。河流和湖泊中二氧化碳的含量一般不超过 20~30 mg/L。

天然水中的硫化氢来自水体底层中各种生物死亡后，其残骸腐烂过程中含硫蛋白质的分解，水中的无机硫化物或硫酸盐在缺氧条件下，也可还原成硫化氢。一般来说，硫化氢位于水体的底层，当水体受到扰动时，硫化氢气体就会从水体中逸出。当水体中的硫化氢含量达到 10 mg/L 时，水体就会发出难闻的臭味。

3. 微量元素

所谓微量元素是指在水中含量小于 0.1% 的元素。在这些微量元素中比较重要的有卤素（氟、溴、碘）、重金属（铜、锌、铅、钴、镍、钛、汞、镉）和放射性元素等。尽管微量元素的含量很低，但与人的生存和健康息息相关，对人的生命起至关重要的作用。它们的摄入过量、不足、不平衡或缺乏都会不同程度地引起人体生理的异常或发生疾病。

4. 水生生物

天然水体中的水生生物种类繁多，有微生物、藻类以及水生高等植物、各种无脊椎动物和脊椎动物。水体中的微生物是包括细菌、病毒、真菌以及一些小型的原生动物、微藻类等在内的一大类生物群体，其个体微小，却与水体净化能力关系密切。微生物通过自身的代谢作用（异化作用和同化作用）使水中悬浮和溶解在水里的有机物污染物分解成简单、稳定的无机物二氧化碳。水体中的藻类和高级水生植物通过吸附、利用和浓缩作用去除或者降低水体中的重金属元素和水体中的氮、磷元素。生活在水中的较高级动物，如鱼类，对水体的化学性质影响较小，但是水质对鱼类的生存影响却很大。

5. 有机物

天然水体的有机物主要来源于水体和土壤中的生物的分泌物和生物残体以及人类生产生活所产生的污水，包括碳水化合物、蛋质、氨基酸、脂肪酸、色素、纤维素、腐殖质等。水中的可降解有机物的含量较高时，有机物的降解过程中会消耗大量的溶解氧，导致水体腐败变臭。当饮用水源水有机物含量比较高时，会降低水处理工艺的处理效果，并且会增加消毒副产物的生成量。

第三节　水体污染

一、天然水的污染及主要污染物

天然水的污染物包括以下几个方面。

1. 水体污染

水污染主要是由于人类排放的各种外源性物质进入水体后，而导致其化学、物理、生物或者放射性等方面特性的改变，超出了水体本身自净作用所能承受的范围，造成水质恶化的现象。

2. 污染源

造成水体污染的因素是多方面的，如向水体排放未经妥善处理的城市污水和工业废水；

施用化肥、农药及城市地面的污染物被水冲刷而进入水体；随大气扩散的有毒物质通过重力沉降或降水过程而进入水体等。

按照污染源的成因进行分类，可以分成自然污染源和人为污染源两类。自然污染源是因自然因素引起污染的，如某些特殊地质条件（特殊矿藏、地热等）、火山爆发等。由于现代人们还无法完全对许多自然现象实行强有力的控制，因此也难控制自然污染源。人为污染源是指由于人类活动所形成的污染源，包括工业、农业和生活等所产生的污染源。人为污染源是可以控制的，但是不加控制的人为污染源对水体的污染远比自然污染源所引起的水体污染程度严重。人为污染源产生的污染频率高、污染的数量大、污染的种类多、污染的危害深，是造成水环境污染的主要因素。

按污染源的存在形态进行分类，可以分为点源污染和面源污染。点源污染是以点状形式排放而使水体造成污染，如工业生产水和城市生活污水。它的特点是排污频繁，污染物量多且成分复杂，依据工业生产废水和城市生活污水的排放规律，具有季节性和随机性的特点，它的量可以直接测定或者定量化，其影响可以直接评价。而面源污染则是以面积形式分布和排放污染物而造成水体污染，如城市地面、农田、林田等。面源污染的排放是以扩散方式进行的，时断时续，并与气象因素有联系，其排放量不易调查清楚。

3. 天然水体的主要污染物

天然水体中的污染物质成分极为复杂，从化学角度，可分为四大类：

（1）无机无毒物：酸、碱、一般无机盐、氮、磷等植物营养物质。

（2）无机有毒物：重金属、砷、氰化物、氟化物等。

（3）有机无毒物：碳水化合物、脂肪、蛋白质等。

（4）有机有毒物：苯酚、多环芳烃、PCB 有机氯农药等。

水体中的污染物，从环境科学角度，可以分为耗氧有机物、重金属、营养物质、有毒有机污染物、酸碱及一般无机盐类、病原微生物等。

（1）耗氧有机物

生活污水、牲畜饲料及污水和造纸、制革、奶制品等工业废水中含有大量的碳水化合物、蛋白质、脂肪、木质素等有机物，它们属于无毒有机物。但是如果不经处理，直接排入自然水体中，经过微生物的生化作用，最终分解为二氧化碳和水等简单的无机物。在有机物的微生物降解过程中，会消耗水体中大量的溶解氧，水中溶解氧的浓度下降。当水中的溶解氧被耗尽时，会导致水体中的鱼类及其他需氧生物因缺氧而死亡，同时，在水中厌氧微生物的作用下，会产生有害的物质如甲烷、氨和硫化氢等，使水体发臭变黑。

（2）重金属污染物

矿石与水体的相互作用以及采矿，冶炼、电镀等工业废水的泄漏会使得水体中有一定量的重金属物质，如汞、铅、铜、锌等。这些重金属物质在水中达到很低的浓度便会产生危害，这是由于它们在水体中不能被微生物降解，而只能发生各种形态的相互转化和迁移。重金属物质除被悬浮物带走外，会由于沉淀作用和吸附作用而富集于水体的底泥中，成为长期的次生污染源；同时，水中氯离子、硫酸离子、氢氧离子、腐殖质等无机和有机配位体会与其生成络合物或整合物，导致重金属有更大的水溶解度而从底泥中被重新释放出来。人类如果长期饮用重金属污染的水、农作物、鱼类、贝类，有害重金属为人体所摄取，积累于体内，会对身体健康产生不良影响，会致病甚至危害生命。例如，金属汞中毒所引起的水俣病，1956 年，日本一家氮肥公司排放的废水中含有汞，这些废水排入海湾后经过生物的转化，形成甲基汞，经过海水底泥和鱼类的富集，又经过食物链使人中毒，中毒后，人产生发疯痉挛症状。人长期饮用被镉污染的河水或者食用含镉河水浇灌生产的稻谷，就会得“骨痛病”。病人骨骼严重畸形、剧痛，身长缩短，骨脆易折。

（3）植物营养物质

营养性污染物是指水体中含有的可被水体中微型藻类吸收利用，并可能造成水体中藻类大量繁殖的植物营养元素，通常是指含有氮元素和磷元素的化合物。

（4）有毒有机物

有毒有机污染物指酚、多环芳烃和各种人工合成的并具有积累性生物毒性的物质，如多氯农药、有机氯化物等持久性有机毒物，以及石油类污染物质等。

（5）酸碱及一般无机盐类

这类污染物主要是使水体 pH 值发生变化，抑制细菌及微生物的生长，降低水体自净能力。同时，增加水中无机盐类和水的硬度，给工业和生活用水带来不利因素，也会引起土壤盐渍化。

酸性物质主要来自酸雨和工厂酸洗水、硫酸、黏胶纤维、酸法造纸厂等产生的酸性工业废水。碱性物质主要来自造纸，化纤、炼油、皮革等工业废水。酸碱污染不仅可腐蚀船舶和水上构筑物，而且还会改变水生生物的生活条件，影响水的用途，增加工业用水处理费用等。含盐的水在公共用水及配水管留下水垢，会增加水流的阻力和降低水管的过水能力。硬水将影响纺织工业的染色、啤酒酿造及罐头产品的质量。碳酸盐硬度容易产生锅垢，因而降低锅炉效率。酸性和碱性物质会影响水处理过程中絮体的形成，降低水处理效果。长期灌溉 $pH>9$ 的水，会使农作物死亡。可见水体中的酸性、碱性以及盐类含量过高会给人类的生产和生活带来危害。但水体中的盐类是人体不可缺少的成分，对于维持细胞的渗透压和调节人体的活动起到重要意义，同时，适量的盐类也会改善水的口感。

（6）病原微生物污染物

病原微生物污染物主要是指病毒、病菌、寄生虫等，主要来源于制革厂、生物制品厂、洗毛厂、屠宰场、医疗单位及城市生活污水等。危害主要表现为传播疾病：病菌可引起痢疾、伤寒、霍乱等；病毒可引起病毒性肝炎、小儿麻痹等；寄生虫可引起血吸虫病、钩端螺旋体病等。

二、水体自净

污染物随污水排入水体后，经过物理、化学与生物的作用，使污染物的浓度降低，受污染的水体部分地或完全地恢复到受污染前的状态，这种现象称为水体自净。

1. 水体自净作用

水体自净过程非常复杂，按其机理可分为物理净化作用、化学及物理化学净化作用和生物净化作用。水体的自净过程是三种净化过程的综合，其中以生物净化过程为主。水体的地形和水文条件、水中微生物的种类和数量、水温和溶解氧的浓度、污染物的性质和浓度都会影响水体自净过程。

（1）物理净化作用

水体物理净化是指水体中的污染物质由于稀释、扩散、挥发、沉淀等物理作用而使水体污染物质浓度降低的过程，其中稀释作用是一项重要的物理净化过程。

（2）化学及物理化学作用

水体中污染物通过氧化、还原、吸附、酸碱中和等反应而使其浓度降低的过程。

（3）生物净化作用

由于水生生物的活动，特别是微生物对有机物的代谢作用，使得污染物的浓度降低的过程。

影响水体自净能力的主要因素有污染物的种类和浓度、溶解氧、水温、流速、流量、水生生物等。当排放至水体中的污染物浓度不高时，水体能够通过水体自净功能使水体的水质部分或者完全恢复到受污染前的状态。

但是当排入水体的污染物的量很大时，在没有外界干涉的情况下，有机物的分解会造成水体严重缺氧，形成厌氧条件，在有机物的厌氧分解过程中，会产生硫化氢等有毒臭气。水中溶解氧是维持水生生物生存和净化能力的基本条件，往往也是衡量水体自净能力的主要指标。水温影响水中饱和溶解氧浓度和污染物的降解速率。水体的流量、流速等水文水力学条件，直接影响水体的稀释、扩散能力和水体复氧能力。水体中的生物种类和数量与水体自净能力关系密切，同时也反映了水体污染自净的程度和变化趋势。

2. 水环境容量

水环境容量指在不影响水的正常用途的情况下，水体所能容纳污染物的最大负荷量，因此又称为水体负荷量或纳污能力。水环境容量是制定地方性、专业性水域排放标准的依据之一，环境管理部门还利用它确定在固定水域到底允许排入多少污染物。水环境容量由两部分组成：一是稀释容量也称差值容量，二是自净容量也称同化容量。稀释容量是由于水的稀释作用所致，水量起决定作用。自净容量是水的各种自净作用综合的去污容量。对于水环境容量，水体的运动特性和污染物的排放方式起决定作用。

第四节　水环境标准

一、水质指标

各种天然水体是工业、农业和生活用水的水源。作为一种资源来说，水质、水量和水能是度量水资源可利用价值的三个重要指标，其中与水环境污染密切相关的则是水质指标。在水的社会循环中，天然水体作为人类生产、生活用水的水源，需要经过一系列的净化处理，满足人类生产、生活用水的相应的水质标准；当水体作为人类社会产生的污水的受纳水体时，为降低对天然水体的污染，排放的污水都需要进行相应的处理，使水质指标达到排放标准。

水质指标是指水中除去水分子外所含杂的种类和数量，它是描述水质状况的一系列指标，可分为物理指标、化学指标、生物指标和放射性指标。有些指标用某一物质的浓度来表示，如溶解氧、铁等；而有些指标则是根据某一类物质的共同特性来间接反映其含量，称为综合指标，如化学需氧量、总需氧量、硬度等。

1. 物理指标

（1）水温

水的物理化学性质与水温密切相关。水中的溶解性气体（如氧、二氧化碳等）的溶解度、水中生物和微生物的活动，非离子态、盐度、pH 值以及碳酸钙饱和度等都受水温变化的影响。

温度为现场监测项目之一，常用的测量仪器有水温计和颠倒温度计，前者用于地表水、污水等浅层水温的测量，后者用于湖、水库、海洋等深层水温的测量。此外，还有热敏电阻温度计等。

（2）臭

臭是一种感官性指标，是检验原水和处理水质的必测指标之一，可借以判断某些杂质或者有害成分是否存在。使水体产生臭的一些有机物和无机物，主要是由于生活污水和工业废水的污染物和天然物质的分解或细菌活动的结果。某些物质的浓度只要达到每升零点几微克时即可察觉。然而，很难鉴定臭物质的组成。

臭一般是依靠检查人员的嗅觉进行检测，目前尚无标准单位。臭阈值是指用无臭水将水样稀释至可闻出最低可辨别臭气的浓度时的稀释倍数，如水样最低取 25 mL 稀释至 200 mL 时，可闻到臭气，其臭阈值为 8。

（3）色度

色度是反映水体外观的指标。纯水是无色透明的，天然水中存在腐殖酸、泥土、浮游植物、铁和锰等金属离子能够使水体呈现一定的颜色。纺织、印染、造纸、食品、有机合成等工业废水中，常含有大量的染料、生物色素和有色悬浮微粒等，通常是环境水体颜色的主要来源。有色废水排入环境水体后，使天然水体着色，降低水体的透光性，影响水生生物的生长。水的颜色定义为改变透射可见光光谱组成的光学性质。水中呈色的物质可处于悬浮态、胶体和溶解态，水体的颜色可以用真色和表色来描述。真色是指水体中悬浮物质被完全移去后，水体所呈现的颜色。水质分析中所表示的颜色是指水的真色，即水的色度是对水的真色进行测定的一项水质指标。

表色是指没有去除悬浮物质时，水体所呈现的颜色，包括悬浮态、胶体和溶解态物质所呈现的颜色，只能用文字定性描述，如工业废水或受污染的地表水呈现黄色、灰色等，并以稀释倍数法测定颜色的强度。

中国生活饮用水的水质标准规定色度小于 15 度，工业用水对水的色度要求更严格，如染色用水色度小于 5 度，纺织用水色度小于 12 度等。水的颜色的测定方法有铂钴标准比色法、稀释倍数法、分光光度法。水的颜色受 pH 值的影响，因此测定时需要注明水样的 pH 值。

（4）浊度

浊度是表现水中悬浮性物质和胶体对光线透过时所发生的阻碍程度，是天然水和饮用水的一个重要水质指标。浊度是由于水含有泥土、粉砂，有机物、无机物、浮游生物和其他微生物等悬浮物和胶体物质所造成的。中国饮用水标准规定，浊度不超过 1 度，特殊情况不超过 3 度。测定浊度的方法有分光光度法、目视比浊法、浊度计法。

（5）残渣

残渣分为总残渣（总固体）、可滤残渣（溶解性总固体）和不可滤残渣（悬浮物）3 种。它们是表征水中溶解性物质、不溶性物质含量的指标。

残渣在许多方面对水和排出水的水质有不利影响。残渣高的水不适于饮用，高矿化度的水对许多工业用水也不适用。残渣采用重量法测定，适用于饮用水、地面水、盐水、生活污水和工业废水的测定。

总残渣是将混合均匀的水样，在称至恒重的蒸发皿中置于水浴上，蒸干并于 103-105 ℃烘干至恒重的残留物质，它是可滤残渣和不可滤残渣的总和。可滤残渣（可溶性固体）指过滤后的滤液于蒸发皿中蒸发，并在 103~105 ℃或 180 ± 2 ℃烘干至恒重的固体，包括 103~105 ℃烘干的可滤残渣和 180 ± 2 ℃烘干的可滤残渣两种。不可滤残渣又称悬浮物，不可滤残渣含量一般可表示废水污染的程度。将充分混合均匀的水样过滤后，截留在标准玻璃纤维滤膜（0.45 μm）上的物质，在 103~105 ℃烘干至恒重。如果悬浮物堵塞滤膜并难于过滤，不可滤残渣可由总残渣与可滤残渣之差计算。

（6）电导率

电导率是表示水溶液传导电流的能力。因为电导率与溶液中的离子含量大致呈比例的变化，电导率的测定可以间接地推测离解物总浓度。电导率用电导率仪测定，通常用于检验蒸馏水、去离子水或高纯水的纯度、监测水质受污染情况以及用于锅炉水和纯水制备中的自动控制等。

2. 化学指标

（1)pH 值

pH 值是水体中氢离子活度的负对数。pH 值是最常用的水质指标之一。

由于 pH 值受水温影响而变化，测定时应在规定的温度下进行，或者校正温度。通常采用玻璃电极法和比色法测定 pH 值。天然水的 pH 值多在 6~9 范围内，这也是中国污水排放标准中的 pH 值控制范围。饮用水的 pH 值规定在 6.5~8.5 范围内，锅炉用水的 pH 值要求大于 7。

（2）酸度和碱度

酸度和碱度是水质综合性特征指标之一，水中酸度和碱度的测定在评价水环境中污染物质的迁移转化规律和研究水体的缓冲容量等方面有重要的意义。

水体的酸度是水中给出质子物质的总量，水的碱度是水中接受质子物质的总量。只有当水样中的化学成分已知时，它才被解释为具体的物质。

酸度和碱度均采用酸碱指示剂滴定法或电位滴定法测定。

地表水中由于溶入二氧化碳或由于机械、选矿、电镀、农药、印染、化工等行业排放的含酸废水的进入，致使水体的 pH 值降低。由于酸的腐蚀性破坏了鱼类及其他水生生物和农作物的正常生存条件，造成鱼类及农作物等死亡。含酸废水还会腐蚀管道，破坏建筑物。因此，酸度是衡量水体变化的一项重要指标。

水体碱度的来源较多，地表水的碱度主要由碳酸盐和重碳酸盐以及氢氧化物组成，所以总碱度被当作这些成分浓度的总和。当中含有硼酸盐、磷酸盐或硅酸盐等时，则总碱度的测定值也包含它们所起的作用。废水及其他复杂体系的水体中，还含有有机碱类、金属水解性盐等，均为碱度组成部分。有些情况下，碱度就成为一种水体的综合性指标，代表能被强酸滴定物质的总和。

二、水质标准

水质标准是由国家或地方政府对水中污染物或其他物质的最大容许浓度或最小容许浓度所做的规定，是对各种水质指标做出的定量规范。水质标准实际上是水的物理、化学和生物学的质量标准，为保障人类健康的最基本卫生，分为水环境质量标准、污水排放标准、饮用水水质标准、工业用水水质标准。

1. 水环境质量标准

目前，中国颁布并正在执行的水环境质量标准有《地表水环境质量标准》(GB3838-2002)《海水水质标准》(GB3097-1997)《地下水质量标准》(GB/T14848-93）等。

《地表水环境质量标准》(GB3838-2002）将标准项目分为地表水环境质量标准项目、

集中式生活饮用水地表水源地补充项目和集中式生活饮用水地表水源地特定项目。地表水环境质量标准基本项目适用于全国江河、湖泊、运河、渠道、水库等具有使用功能的地表水水域；集中式生活饮用水地表水源地补充项目和特定项目适用于集中式生活饮用水地表水源地一级保护区和二级保护区。《地表水环境质量标准》（GB3838-2002）依据地表水水域环境功能和保护目标，按功能高低，将水质依次划分为5类。

Ⅰ类：主要适用于源头水、国家自然保护区。

Ⅱ类：主要适用于集中式生活饮用水地表水源地一级保护区、珍稀水生生物栖息地、鱼虾类产场、仔稚幼鱼的索饵场等。

Ⅲ类：主要适用于集中式生活饮用水地表水源地二级保护区、鱼虾类越冬场、水产养殖区等渔业水域及游泳区。

Ⅳ类：主要适用于一般工业用水区及人体非直接接触的娱乐用水区。

Ⅴ类：主要适用于农业用水区及一般景观要求水域。

对应地表水，上述5类水域功能，将地表水环境质量标准基本项目标准值分为5类，不同功能类别分别执行相应类别的标准值。水域功能类别高的标准值高于水域功能类别低的标准值。同一水域兼有多类使用功能的，执行最高功能类别对应的标准值。

《海水水质标准》（GB3097-1997）规定了海城各类使用功能的水质要求。该标准按照海域的不同使用功能和保护目标，将海水水质分为4类。

Ⅰ类：适用于海洋渔业水域，海上自然保护区和珍稀濒危海洋生物保护区。

Ⅱ类：适用于水产养殖区、海水浴场、人体直接接触海水的海上运动或娱乐区，以及与人类饮用直接有关的工业用水区。

Ⅲ类：适用于一般工业用水、海滨风景旅游区。

Ⅳ类：适用于海洋港口水域、海洋开发作业区。

《地下水质量标准》（GB/T14848-93）适用于一般地下水，不适用于地下热水、矿水、盐卤水。根据中国地下水水质现状、人体健康基准值及地下水质量保护目标，并参照了生活饮用水、工业用水的水质要求，将地下水质量划分为5类。

Ⅰ类：主要反映地下水化学组分的天然低背景含量，适用于各种用途。

Ⅱ类：主要反映地下水化学组分的天然背景含量，适用于各种用途。

Ⅲ类：以人体健康基准值为依据，主要适用于集中式生活饮用水水源及工农业用水。

Ⅳ类：以农业和工业用水要求为依据，除适用于农业和部分工业用水外，适当处理后可作生活饮用水。

Ⅴ类：不宜饮用，其他用水可根据使用目的选用。

2. 污水排放标准

为了控制水体污染，保护江河、湖泊、运河、渠道、水库和海洋等地面水以及地下水水质的良好状态，保障人体健康，维护生态环境平衡，国家颁布了《污水综合排放标准》（GB8978-1996）和《城镇污水处理厂污染物排放标准》（GB18918-2002）等《污水综合排放标准》（GB8978-1996）根据受纳水体的不同，划分为三级标准。排入 GB3838 中的Ⅱ类水域（划定的保护区和游泳区除外）和排入 GB3097 中的Ⅱ类海域执行一类标准；排入 GB3838 中Ⅳ、Ⅴ类水和排入 GB3097 中的Ⅱ类海域执行二级标准；排入设置二级污水处理厂的城镇排水系统的污水执行三级标准。排入未设置二级污水处理厂的城镇排水系统的污水，必须根据排水系统出水受纳水域的功能要求，执行上述相应的规定。GB3838 中Ⅰ、Ⅱ类水域和Ⅲ类水域中划定的保护区，GB3097 中，Ⅰ类海域禁止新建排污口，现有排污口应按水体功能，要实行污染物总量控制，以保证受纳水体水质符合规定用途的水质标准。同时，该标准将污染物按照其性质及控制方式分为两类：第一类污染物不分行业和污水排放方式，也不分受纳水体的功能类别，一律在车间或车间处理设施排放口采样，最高允许浓度必须达到该标准要求；第二类污染物在排污单位排放口采样，其最高允许排放浓度必须达到本标准要求。

《城镇污水处理厂污染物排放标准》（GB18918-2002）规定了城镇污水处理厂出水废气排放和污泥处置（控制）的污染物限值，适用于城镇污水处理厂出水、废气排放和污泥处置（控制）的管理。该标准根据污染物的来源及性质，将污染物控制项目分为基本控制项目和选择控制项目两类。根据城镇污水处理厂排入地表水域环境功能和保护目标，以及污水处理厂的处理工艺，将基本控制项目的常规污染物标准值分为一级标准、二级标准、三级标准。一级标准分为 A 标准和 B 标准。一类重金属污染物和选择控制项目不分级。

3. 生活饮用水水质标准

《生活饮用水卫生标准》（GB5749-2006）规定了生活饮用水水质卫生要求、生活饮用水水源水质卫生要求、集中式供水单位卫生要求、二次供水卫生要求，涉及生活饮用水卫生安全产品卫生要求，水质监测和水质检验方法。

该标准主要从以下几方面考虑，保证饮用水的水质安全：生活饮用水中不得含有病原微生物；饮用水中化学物质不得危害人体健康；饮用水中放射性物质不得危害人体健康；饮用水的感官性状良好；饮用水应经消毒处理；水质应该符合生活饮用水水质常规指标及非常规指标的卫生要求。该标准项目共计 106 项，其中感官性状指标和一般化学指标 20 项，饮用水消毒剂 4 项，毒理学指标 74 项，微生物指标 6 项，放射性指标 2 项。

4. 农业用水与渔业用水

农业用水主要是灌溉用水，要求在农田灌溉后，水中各种盐类被植物吸收后，不会因食用中毒或引起其他影响，并且其含盐量不得过多，否则会导致土壤盐碱化。渔业用水除保证鱼类的正常生存、繁殖以外，还要防止有毒有害物质通过食物链在水体内积累、转化而导致食用者中毒。相应地，国家制定颁布了《农田灌溉水质标准》（GB5084-2005）和《渔业水质标准》（GB11607-1989）。

三、水资源系统分析问题的提出

水资源是与人类的生产生活关系最为密切的自然资源，人类对于水资源的开发利用，经历了极为漫长的发展过程。

（一）水资源开发利用的历史

公元前 3 000 年，埃及人在尼罗河首设水尺，观察水位涨落，并筑堤开渠，公元前 21 世纪，黄河泛滥，鲧被推荐来负责治理洪水泛滥，他采用堤工降水，作三仞之城，九年而不得成功，禹总结父亲鲧的治水经验，改鲧“围堵障”为“疏顺导滞”的方法，把洪水引入疏通的河道、洼地或湖泊，然后合通四海，从而平息了水患公元前 256 年，战国时期秦国蜀郡太守李冰率众修建了都江堰水利工程，都江堰水利工程位于中国四川成都平原西部都江堰市西侧的岷江上，距成都 56 km，是现存的最古老而且依旧在灌溉田畴、造福人民的伟大水利工程。

19 世纪末 20 世纪初开始，具有近代意义的大坝水库在世界许多河流上纷纷筑造，胡佛水坝是美国综合开发科罗拉多河水资源的一项关键性工程，位于内华达州和亚利桑那州交界之处的黑峡，具有防洪、灌溉、发电、航运、供水等综合效益。大坝系混凝土重力拱坝，坝高 221.4 m，总库容 348.5 亿 m^3，水电站装机容量原为 134 万 kW，现已扩容到 245.2 万 kW，胡佛水坝于 1931 年 4 月开始，由第三十一任总统赫伯特 · 胡佛为化解美国大萧条以来的困境及加速西南部地区的繁荣，动工 5 000 人兴建，1936 年 3 月建成，1936 年 10 月第一台机组正式发电。

佛子岭水库位于中国安徽省霍山县西南 15 km，是一座具备防洪、灌溉、供水、发电等功能的大型水利枢纽工程，坝址以上控制流域面积 1 840 km^2，水库总库容 4.91 亿 m^3，大坝全长 510 m，最大坝高 76 m，发电厂总装机 7 台共 3.1 万 kW，国际大坝委员会主席托兰称佛子岭大坝为“国际一流的防震连拱坝”。水库夹于两岸连绵起伏的群山之间，大坝修建在佛子岭打鱼冲口，佛子岭水库始建于 1952 年 1 月，1954 年 11 月竣工，是新中国乃至当时亚洲第一座钢筋混凝土连拱坝。

三峡水电站，又称三峡工程、三峡大坝。位于中国重庆市市区到湖北省宜昌市之间的长江干流上，是世界上规模最大的水电站，也是中国有史以来建设的最大规模的工程项目，三峡水电站具有防洪、发电、航运等多种功能。三峡水电站于 1994 年正式动工兴建。2003 年开始蓄水发电，2009 年全部完工。水电站大坝高 185 m，蓄水高 175 m，水库长六百多千米，安装了 32 台单机容量为 70 万 kW 的水电机组，是全世界最大的（装机容量）水力发电站。

田纳西河是美国东南部俄亥俄河的第一大支流，源出阿巴拉契亚高地西坡，由霍尔斯顿河和弗伦奇布罗德河汇合而成，流经田纳西州和亚拉巴马州，于肯塔基州帕迪尤卡附近流入俄亥俄河。田纳西河以霍尔斯顿河源头计，长约 1 450 km，流域面积 10.6 万 km^2，成立于1933年5月的田纳西流域管理局，对流域进行综合治理，使其成为一个具有防洪、航运，发电、供水、养鱼、旅游等综合效益的水利网，田纳西河流域规划和治理开发的特点，在于其具有广泛的综合性。它在综合利用河流水资源的基础上，结合本地区的优势和特点，强调以国土治理和以地区经济的综合发展为目标、规划的内容和重点也不断调整和充实，初期以解决航运和防洪为主，结合发展水电，以后又进一步发展火电、核电，并开办了化肥厂、炼铝厂、示范农场、良种场和渔场等，为流域农业和工业的迅速发展奠定了基础。

珠江水系干流西江上游的红水河，流域内山岭连绵，地形崎岖，水力资源十分丰富，它的梯级开发被中国政府列为国家重点开发项目。红水河梯级开发河段，从南盘江的天生桥到黔江的大藤峡，全长1 050 km，总落差756.6 m，可开发利用水能约13 030 MW红水河共分10级开发，从上游到下游为天生桥一级、天生桥二级、平班、龙滩、岩滩、大化、百龙滩、恶滩、桥巩、大藤峡，其中装机1000 MW以上的有5座。红水河是中国十二大水电基地之一，被誉为水力资源的“富矿”，是水电开发、防洪及航运规划中的重点河流。

（二）整体——综合——优化思想的产生

早期（截至20世纪30年代）的水资源开发利用策略思想的特点是：单一水利工程的规划、设计和运行，功能上以单用途单目标开发为较多。例如，单纯的防洪滞洪水库或航运，以灌溉引水或发电为目的的水库、堰闸等。20世纪30年代末，由于生产的需要及高坝技术和高压输电技术的发展，水库综合利用的思想已开始萌芽。

近代水资源开发利用策略思想的一个重要的发展，就是综合利用思想的发展、落实和整体观点的兴起。田纳西河流域综合开发。三峡水利枢纽的建设就是这一思想的体现。水资源本质上具有多功能、多用途的特点，因此一库多用、一水多效的策略思想迅速推广、扩大、水资源利用的趋势，是向多单元、多目标发展，规模和范围也在不断增大，但水资源的多用途、多目标开发和综合利用的同时，也带来了很多矛盾，需要协调多用途、多目标之间的冲突，因此需要整体地、综合地考虑水资源的综合利用，自然地带来了如何在规划管理中处理多个目标或多个优化准则的问题，而这些目标可能是多种各样的，多半是不可公度的，有些甚至不能定量而只能定性，这就需要把多目标规划的理论和方法引入和应用于水资源规划和管理工作之中。流域或地区范围的水资源问题，往往是一个大的复杂的系统。例如，流域的干支流的梯级库群，兴利除害的各种水利水电开发管理目标、地面地下水各种水源的联合共用等，为了使这样的大系统能易干扰化求解，利用大系统分解协调优化技术是非常必要的。由此可见，近代水资源开发利用的思想经历了一个从局部到整体，从一般到综合，从追求单目标最优到多目标最佳协调的发展过程。水资源的研究对象越来越复杂，系统分析的方法在水资源的研究中起到了越来越重要的作用。

（三）水资源可持续开发利用的理念

现代意义的水资源开发利用还与可持续发展紧密相连，当代水资源开发利用已涉及社会和环境问题，其内容、意义、目标比以往的水利水电工程研究的范围更为广泛。走可持续发展道路必然要求对水资源进行统一的管理和可持续的开发利用。

水资源可持续利用的理念，就是为保证人类社会、经济和生存环境可持续发展对水资源实行永续利用的原则，可持续发展的观点是20世纪80年代在寻求解决环境与发展矛盾的出路中提出的，并在可再生的自然资源领域相应提出可持续利用问题，其基本思路是在自然资源的开发中，注意因开发所致的不利于环境的副作用和预期取得的社会效益相平衡，在水资源的开发与利用中，为保持这种平衡就应遵守供饮用的水源和土地生产力得到保护的原则，保护生物多样性不受干扰或生态系统平衡发展的原则，对可更新的淡水资源不可过量开发使用和污染的原则，因此，在水资源的开发利用活动中，绝对不能损害地球上的生命保障系统和生态系统，必须保证为社会和经济可持续发展合理供应所需的水资源，满足各行各业用水要求并持续供水。此外，水在自然界循环过程中会受到干扰，应注意研究对策，使这种干扰不致影响水资源的可持续利用。

为适应水资源可持续利用的原则，在进行水资源规划和水工程设计时，应使建立的工程系统体现如下特点：天然水源不因其被开发利用而造成水源逐渐衰竭；水工程系统能较持久地保持其设计功能，因自然老化导致的功能减退能有后续的补救措施；对某范围内水供需问题能随工程供水能力的增加及合理用水、需水管理、节水措施的配合，使其能较长期地保持相互协调的状态；因供水及相应水量的增加而致废污水排放量的增加，需相应增加处理废污水能力的工程措施，以维持水源的可持续利用效能。

水资源可持续利用的思想和战略是“整体——综合——优化”思想的进一步发展和提高，研究的系统更大、更复杂，牵涉的学科也更加广泛。

四、系统的概念

本小节分析是系统的定义、特征、构成系统的要素以及系统的分类。

（一）系统的定义

所谓系统，就是由相互作用和相互联系的若干个组成部分结合而成的具有特定功能的整体。

例如，水资源系统是流域或地区范围内在水文、水力和水利上相互联系的水体（河流、湖泊、水库、地下水等）有关水工建筑物（大坝、堤防、泵站、输水渠道等）及用水部门（工农业生产、居民生活、生态环境、发电、航运等）所构成的综合体。

系统是普遍存在的，在宇宙间，从基本粒子到河外星系，从人类社会到人的思维，从无机界到有机界，从自然科学到社会科学，系统无所不在。

（二）系统的特征

我们可以从以下几个方面理解系统的概念：

1. 系统由相互联系、相互影响着的部件所组成

系统的部件可能是一些个体、元件、零件也可能其本身就是一个系统（或称之为子系统），如水系、水库、大坝、溢洪道、水电机组、堤防、下游保护区。蓄滞洪区等组成了流域防洪发电系统。

2. 系统具有一定的结构

一个系统是其构成要素的集合，这些要素相互联系，相互制约，系统内部各要素之间相对稳定的联系方式、组织秩序及失控关系的内在表现形式，就是系统的结构，例如，水电机组是由压力钢管、水轮机、发电机、调速器等部件按一定的方式装配而成的，但压力钢管、水轮机、发电机、调速器等部件随意放在一起却不能构成水电机组；人体由各个器官组成，但是各单个器官简单拼凑在一起，却不能成为一个有行为能力的人。

3. 系统具有一定的功能，或者说系统要有一定的目的性

系统的功能是指系统在与外部环境相互联系和相互作用中表现出来的性质。能力和功能。例如，流域防洪发电系统的功能，一方面，是对洪水进行调节和安排，使洪灾损失最小；另一方面，是充分利用水能发电，使发电效益最佳。

4. 系统具有一定的界限

系统的界限把系统从所处的环境中分离出来，系统通过该界限可以与外界环境发生能量、信息和物质等的交流。

（三）构成系统的要素

任何一个存在的系统都必须具备三个要素，即系统的诸部件及其属性、系统的环境及其界限、系统的输入和输出。

1. 系统的部件及其属性

系统的部件可以分为结构部件、操作部件和流部件。结构部件是相对固定的部分。操作部件是执行过程处理的部分，流部件是作为物质流、能量流和信息流的交换用的，交换的能力要受到结构部件和操作部件等条件的限制。

结构部件、操作部件和流部件都有不同的属性，同时又相互影响。它们的组合结构从整体上影响着系统的特征和行为，例如，电阻、电感、电容等电子元件以及电源、导线、开关等部件的连接或组合，就形成了电路系统的属性。

系统是由许多部件组成的，当系统中的某个部件本身也是一个系统时，就可以称此部件为该系统的子系统。子系统的定义与上述一般系统的定义类似。例如，水资源系统是由水体、有关水工建筑物及用水部门等部件组成的，而这些部件本身又可各自成为一个独立的系统。因此，可以把水体系统（河流，湖泊、水库，地下水等）、水工程系统（大坝、堤防、泵站、输水渠道等）、用水系统（工农业生产、居民生活、生态环境、发电、航运等）都称为水资源系统的子系统。

2. 系统的环境及其界限

所有系统都是在一定的外界条件下运行的系统，既受到环境的影响，同时也对环境施加影响。

对于物质系统来说，划分系统与环境的界限很自然地可以由基本系统结构及系统的目标来确定，例如：水库防洪系统，对于防洪预案的决策者来说，主要的任务是针对典型洪水或设计洪水分析水库的调洪方案，生成防洪预案，于是就圈定该决策分析系统（水库防洪预案分析系统）的系统界限为水库大坝至下游防洪控制断面，但是对于防洪调度的决策者来说，入库洪水和区间洪水的相关情况是通过流域面上的实时降雨信息预报而得知的，在这种情况下，水库防洪决策分析系统的界限为水库上游流域，水库大坝至下游防洪控制断面及区间。

（四）系统的分类

1. 按系统组成部分的属性分类：自然系统，人造系统、复合系统。

按照系统的起源，自然系统是由自然过程产生的系统，例如生态链系统，河流上游天然子流域降雨径流系统等。

人造系统则是人们为了达到某个目的，按属性和相互关系将有关部件（或元素）组合而成的系统，例如城市系统、灌排系统、水电站系统等。当然，所有的人造系统都存在于自然世界之中，同时人造系统与自然系统之间存在着重要的联系。

复合系统是由不同属性的子系统复合而成的大系统，如水资源系统是由水体系统（自然系统）、水工建筑物系统（人造系统）及用水系统（社会经济系统）等子系统复合而成的，复合系统的协调性是体现复合系统中子系统间及各种要素间关系的一个重要特征。当前人类所面临的水环境污染、水生态破坏、水资源匮乏等多种问题都是由于水资源系统的严重不协调而导致的。

2. 按系统组成部分的形态分类：实体系统、概念系统

一般的理解：实体系统是由一些实物和有形部件构成的系统；概念系统是由一些思想、规划、政策等的概念或由符号来反映系统的部件及其属性的系统。

3. 按系统与环境的关系分类：封闭系统、开放系统

封闭系统是指该系统与外部环境之间没有物质、能量和信息交换的系统，由系统的界限将环境与系统隔开，因而呈一种封闭状态。

开放系统是指该系统与外部环境之间存在物质、能量和信息交换的系统。开放系统往往具有自调节和自适应功能。

4. 按系统所处的状态分类：静态系统、动态系统

静态系统一般是指存在一定的结构但没有活动性的系统动态系统是指既有结构和部件又有活动性的系统。

5. 按系统的规模分类：简单系统、复杂系统

凡是不能或不宜用还原论方法而要用或宜用新的科学方法去处理和解决的系统就属于复杂系统。

五、系统分析的概念和内容

系统分析是系统方法中的一个重要内容，指把要解决的问题作为一个系统，对系统要素进行综合分析，对系统进行量化研究，找出解决问题的可行方案和咨询方法。系统分析与系统工程、系统管理一起，与有关的专业知识和技术相结合，综合应用于解决各个专业领域中的规划设计和管理问题。

系统分析的内容包括系统研究作业、系统设计作业，系统量化作业。

（1）系统研究作业

系统研究作业的任务就是限定所研究的问题，明确问题的本质或特性、问题存在范围和影响程度、问题产生的时间和环境、问题的症状和原因等，通过广泛的资料处理，获得有关信息，进而使资料所代表的意义明确化，利用一些有效方法进行比较和分析，以确定和发现所提出问题的目标，找出系统环境与系统及目标之间的联系及其相互转换关系。

（2）系统设计作业

系统设计作业的任务就是对系统研究作业所界定的系统环境、决策系统和目标的特性进一步结构化，同时采用合理的、合乎逻辑的设计过程和方法反映系统的行为特征及其效果，并利用与信息源内容相关的各类专业知识充分和有效地扩展和掌握信息源可知部分，以达到使信息源的不可知部分减少到最低程度的目的，系统设计时，要考虑系统的准确性和可操作性两个原则。

（3）系统量化作业

系统设计作业完成后，便展示了系统目标覆盖范围内的各个系统部件以及部件之间的关系组合，描述了系统环境，决策系统与目标间的互相联系与影响，建立了系统的数据流图和系统结构图等，但是。系统的数据流图和系统结构图等只能描述系统的结构，而无法描述和展示系统的行为，因而使决策者难于了解系统的主要特性、功能和效果。系统量化作业作为系统分析中的一项工作，就是运用运筹学、数理统计等工具，对系统结构进行属性的量化工作，例如系统结构关系式的表示及其参数辨识、系统优化求解、系统经济效果的计算等，再配合系统评价活动，从而把彼此间具有相互竞争性的方案呈现在决策者面前，建立系统模型是系统量化作业的基础工作。数学模型是经常应用的一类模型，不同类别的模型适用于不同系统。到目前为止，还不可能找到一个通用性的模型。模型化的目的是模拟真实的物理系统，把最优决策施加在真实系统上。

系统动力学和系统仿真是系统动态行为模拟的有效工具，能对系统未来行为起到预测作用。

回归分析是预测工作的主要手段。在因果关系分析中，要在专业理论指导下通过数据的回归分析得到回归模型，以确定因变量和自变量的关系。在时间序列分析中，预测的因变量通过对历史上的时间序列数据的回归分析得到各类时间系列模型，但是一般系统既有系统结构上的因果关系，同时又有系统时间序列上的统计规律，因此提出了由因果分析与时间序列分析相结合以及几种预测方法相结合的组合预测模型，目的是希望提高预测精度，各类预测方法和技术都有其应用范围和不足之处。对于复杂的社会系统，由于多方面因素的相互影响，往往需要综合应用各类预测方法的长处来弥补某些方法的不足。故而，以系统分析为基础的综合预测（或反馈性预测）必将不断发展和完善。人工神经网络模型和支持向量机模型对于一些很难发现周期性规律的非线性动态过程或者混沌时间序列的短期预测是一种较为有效的工具。

系统优化是系统工程中的经典方法，复杂的社会系统往往具有多方面需要和多个目标，而且经常是不可公度和相互矛盾的，所以多目标规划问题在系统分析中将占有不可低估的地位又由于系统分析工作中，系统研究和设计作业很大程度上是一种创造性的工作，即要设计一个优化系统，交互式多目标规划可以作为系统量化作业活动中处理复杂系统的补充方法，它的根本点是系统分析人员与决策者可以进行信息交互，有助于设计一个优化的系统。对于一类组合优化问题，也可应用人工神经网络模型求解。

系统经济分析是系统量化所必需的方案的比较，结果的反映，最为具体和直观的是经济指标。

第五节 水质监测与评价

一、水质监测

水质监测是为了掌握水体质量动态，对水质参数进行的测定和分析。作为水源保护的一项重要内容是对各种水体的水质情况进行监测，定期采样并分析有毒物质含量和动态，包括水温、pH 值、COD、溶解氧、氨氮、酚、砷、汞、铬、总硬度、氟化物、氯化物、细菌、大肠菌群等。依监测目的，可分为常规监测和专门监测两类。

常规监测是为了判别、评价水体环境质量，掌握水体质量变化规律，预测发展趋势和积累本地质资料等，需对水体水质进行定点、定时的监测。常规监测是水质监测的主体，具有长期性和连续性。专门监测：为某一特定研究服务的监测。通常，监测项目与影响水质因素同时观察，需要周密设计，合理安排，多学科协作。

水质监测的主要内容有水环境监测站网布设、水样的采集与保存、确定监测项目、选用分析方法及水质分析、数据处理与资料整理等。

（一）水环境监测站网的布设

建立水环境监测站网应具有代表性、完整。站点密度要适宜，以能全面控制水系水质基本状况为原则，并应与投入的人力、财力相适应。

1. 水质站及分类

水质站是进行水环境监测采样和现场测定以及定期收集和提供水质、水量等水环境资料的基本单元，可由一个或者多个采样断面或采样点组成。

水质站根据设置的目的和作用分为基本站和专用站。基本站是为水资源开发利用与保护提供水质、水量基本资料，并与水文站、雨量站、地下水水位观测井等统一规划设置的站。基本站长期掌握水系水质的历年变化，是为搜集和积累水质基本资料而设立的，其测定项目和次数均较多。专用站是为某种专门用途而设置的，其监测项目和次数根据站的用途和要求而确定。

水质站根据运行方式可分为：固定监测站、流动监测站和自动监测站。固定监测站是利用桥、船、缆道或其他工具，在固定的位置上采样。流动监测站是利用装载检测仪器的车、船或飞行工具，进行移动式监测，搜集固定监测站以外的有关资料，以弥补固定监测站的不足。自动监测站主要设置在重要供水水源地或重要打破常规地点，依据管理标准，进行连续自动监测，以控制供水用水或排污的水质。

水质站根据水体类型可分为地表水水质站、地下水水质站和大气降水水质站。地表水水质站是以地表水为监测对象的水质站。地表水水质站可分为河流水质站和湖泊（水库）水质站。地下水水质站是以地下水为监测对象的水质站。大气降水水质监测是以大气降水为监测对象的水质站。

2. 水质站的布设

水质站的布设关系着水质监测工作的成败。水质在空间上和时间上的分布是不均匀的，具有时空性。水质站的布设要求是在区域的不同位置布设各种监测站，以掌控水质在区域的变化情况。在一定范围内布设的监测站数量越多，则越能反映水体的质量状况，但需要较高的经济代价；监测站数量越少，则经济上越节约，但不能准确地反映水体的质量状况。所以，布设的监测站数量既要能正确地反映水体的质量状况，又要满足经济性。

在设置水质站前，应调查并收集本地区有关基本资料，如水质、水量、地质、地理、工业、城市规划布局，主要污染源与入河排污口以及水利工程和水产等资料，用作设置具有代表性水质站的依据。

（1）地表水水质站的布设

河流水质站的布设。水质站应该布设于河流的上游河段，受人类活动的影响较小。干支流的水质站一般设在下列水域，区域：干流控制河段，包括主要一、二级支流汇入处、重要水源地和主要退水区；大中城市河段或主要城市河段和工矿企业集中区；已建或即将兴建大型水利设施河段，大型灌区或引水工程渠首处；入海河口水域；不同水文地质或植被区、土壤盐碱化区、地方病发病区、地球化学异常区、总矿化度或总硬度变化率超过50% 的地区。

湖泊（水库）水质站的布设。湖泊（水库）水质站应设在下列水域：面积大于100 km^2 的湖泊；梯级水库和库容大于 1 亿 m^3 的水库；具有重要供水、水产养殖旅游等功能或污染严重的湖泊（水库）；重要国际河流、湖泊，流入、流出行政区界的主要河流、湖泊（水库），以及水环境敏感水域，应布设界河（湖、库）水质站。

（2）地下水水质监测站的布设

地下水水质站的布设应根据本地区水文地质条件及污染源分布状况，与地下水水位观测井结合起来进行设置。

地下水类型不同的区域、地下水开采度不同的区域应分别设置水质站。

（3）降水水质站的布设

应根据水文气象、风向、地形、地貌及城市大气污染源分布状况等，与现有雨量观测站相结合设置。下列区域应设置降水水质站：不同水文气象条件、不同地形与地貌区；大型城市区与工业集中区；大型水库、湖泊区。

3. 水环境监测站网

水环境监测站网是按一定的目的与要求，由适量的各类水质站组成的水环境监测网络。水环境监测站网可分为地表水、地下水和大气降水三种基本类型。根据监测目的或服务对象的不同，各类水质站可成不同类型的专业监测网或专用监测网。水环境监测站网规划应遵循以下原则：以流域为单元，进行统一规划，与水文站网、地下水水位观测井网、雨量观测站网相结合；各行政区站网规划应与流域站网规划相结合。各省、市、自治区环境站网规划应不断进行优化调整，力求做到多用途，多功能，具有较强的代表性。目前，中国地表水的监测主要由水利和生态环境部门承担。

（二）水样的采集与保存

水样的代表性关系着水质监测结果的正确性。采样位置、时间、频率、方法及保存等都影响着水质监测的结果。中国水利部门规定：基本测站至少每月采样一次；湖泊（水库）一般每两个月采样一次；污染严重的水体，每年应采样 8~12 次；底泥和水生生物，每年在枯水期采样一次。

水样采集后，由于环境的改变、微生物及化学作用，水样水质会受到不同程度的影响，所以，应尽快进行分析测定，以免在存放过程中引起较大的水质变化。有的监测项目要在采样现场采用相应方法立即测定，如水温、pH 值、溶解氧、电导率、透明度、色嗅及感官性状等。有的监测项目不能很快测定，需要保存一段时间。水样保存的期限取决于水样的性质、测定要求和保存条件。未采取任何保存措施的水样，允许存放的时间分别为：清洁水样 72 h；轻度污染的水样 48 h；严重污染的水样 12 h。为了最大限度地减少水样水质的变化，应采取正确有效的保存措施。

（三）监测项目和分析方法

水质监测项目包括反映水质状况的各项物理指标、化学指标、微生物指标等。选测项目过多会造成人力，物力的浪费，过少则不能准确反映水体水质状况。所以，必须合理地确定监测项目，使之能更好地反映水质状况。确定监测项目时，要根据被测水体和监测目的综合考虑。通常按以下原则确定监测项目。

1. 国家与行业水环境与水资源质量标准或评价标准中已列入的监测项目。

2. 国家及行业正式颁布的标准分析方法中列入的监测项目。

3. 反映本地区水体中主要污染物的监测项目。

4. 专用站应依据监测目的选择监测项目。

水质分析的基本方法有化学分析法（滴定分析、重量分析等）、仪器分析法（光学分析法、色谱分析法、电化学分析法等），分析方法的选用应根据样品类型、污染物含量以及方法适用范围等确定。分析方法的选择应符合以下原则：

（1）国家或行业标准分析方法。

（2）等效或者参照适用 ISO 分析方法或国际公认的其他分析方法。

（3）经过验证的新方法，其精密度、灵敏度和准确度不得低于常规方法。

（四）数据处理与资料整理

水质监测所测得的化学、物理以及生物学的监测数据，是描述和评价水环境质量，进行环境管理的基本依据，必须进行科学的计算和处理，并按照要求的形式在监测报告中表达出来。水质资料的整编包括两个阶段：一是资料的初步整编；二是水质资料的复审汇编。习惯上称前者为整编，后者为汇编。

1. 水质资料整编

水质资料整编工作是以基层水环境监测中心为单位进行的，是对水质资料的初步整理，是整编全过程中最主要、最基础的工作，它的工作内容有搜集原始资料（包括监测任务书、采样记录、送样单至最终监测报告及有关说明等一切原始记录资料）、审核原始资料编制有关整编图表（水质站监测情况说明表及位置图、监测成果表、监测成果特征值年统计表）。

2. 水质资料汇编

水质资料汇编工作一般以流域为单位，是流域水环境监测中心对所辖区内基层水环境监测中心已整编的水质资料的进一步复查审核。它的工作内容有抽样、资料合理性检查及审核、编制汇编图表。汇编成果一般包括的内容有资料索引表、编制说明、水质站及监测断面一览表、水质站及监测断面分布图、水质站监测情况说明表及位置图、监测成果表、监测成果特征值年统计表。

经过整编和汇编的水质资料可以用纸质、磁盘和光盘保存起来，如水质监测年鉴、水环境监测报告、水质监测数据库、水质监测档案库等。

二、水质评价

水质评价是水环境质量评价的简称，是根据水的不同用途，选定评价参数，按照一定的质量标准和评价方法，对水体质量定性或定量评定的过程。目的在于准确地反映水质的情况，指出发展趋势，为水资源的规划、管理、开发、利用和污染防治提供依据。

水质评价是环境质量评价的重要组成部分，其内容很广泛，工作目的和研究角度不同，分类的方法也有所不同。

1. 水质评价分类

水质评价分类：水质评价按时间分，有回顾评价，预断评价；按水体用途分，有生活饮用水质评价、渔业水质评价、工业水质评价、农田灌溉水质评价、风景和游览水质评价：按水体类别分，有江河水质评价、湖泊（水库）水质评价、海洋水质评价、地下水水质评价；按评价参数分，有单要素评价和综合评价。

2. 水质评价步骤

水质评价步骤一般包括：提出问题、污染源调查及评价、收集资料与水质监测、参数选择和取值、选择评价标准、确定评价内容和方法、编制评价图表和报告书等。

（1）提出问题

这包括明确评价对象、评价目的、评价范围和评价精度等。

（2）污染源调查及评价

查明污染物排放地点、形式、数量、种类和排放规律，并在此基础上结合污染物毒性，确定影响水体质量的主要污染物和主要污染源，做出相应的评价。

（3）收集资料与水质监测

水质评价要收集和监测足以代表研究水域水体质量的各种数据。将数据整理验证后，用适当方法进行统计计算，以获得名种必要的参数统计特征值。监测数据的准确性和精确度以及统计方法的合理性，是决定评价结果可靠程度的重要因素。

（4）参数选择和取值

水体污染的物质很多，一般可根据评的目的和要求，选择对生物、人类及社会经济危害大的污染物作为主要评价参数。常选用的参数有水温、pH 值、化学耗氧量、生化需氧量、悬浮物、氨、氮、酚、氰、汞、砷、铬、铜、镉、铅、氟化物、硫化物、有机氯、有机磷、油类、大肠杆菌等。参数一般取算术平均值或几何平均值。水质参数受水文条件和污染源条件影响，具有随机性，故从统计学角度看，参数按概率取值较为合理。

（5）选择评价标准

水质评价标准是进行水质评价的主要依据。根据水体用途和评价目的，选择相应的评价标准。一般地表水评价可选用地表水环境质量标准；海洋评价可选用海洋水质标准；专业用途水体评价可分别选用生活饮用水卫生标准、渔业水质标准、农田灌溉水质标准、工业用水水质标准以及有关流域或地区制定的各类地方水质标准等。地质目前还缺乏统一评价标准，通常可参照清洁区土壤自然含量调查资料或地球化学背景值来拟定。

（6）确定评价内容及方法

评价内容一般包括感观性、氧平衡、化学指标、生物学指标等。评价方法的种类繁多，常用的有：生物学评价法、以化学指标为主的水质指数评价法、模糊数学评价法等。

（7）编制评价图表及报告书

评价图表可以直观反映水体质量的好坏。图表的内容可根据评价目的确定，一般包括评价范围图、水系图、污染源分布图、监测断面（或监测点）位置图、污染物含量等值线图、水质、底质、水生物质量评价图、水体质量综合评价图等。图表的绘制一般采用：符号法、定位图法、类型图法、等值线法、网格法等。评价报告书编制内容包括：评价对象、范围、目的和要求、评价程序、环境概况、污染源调查及评价、水体质量评价、评价结论及建议等。

三、地下水水质监测与评价

下面分开国内外地下水水质监测的现状和评价。

（一）国际地下水水质监测现状

1. 荷兰地下水水质监测

荷兰国土面积约 3 000 km^2，人口 1 600 万，是世界上人口密度最高的国家之一。荷兰高度工业化，农业发达。大面积施用化肥造成浅层地下水的区域性污染。浅层地下水中的硝酸根离子普遍超过饮用水的标准（50 mg/L）。

荷兰地下水水质监测网在 20 世纪 80 年代早期建立，其目的为：

（1）地下水水质调查及其与土地利用、土壤类型和水文地质条件关系的诊断；

（2）监测人类活动对地下水水质的影响；

（3）识别地下水水质的长期变化；

（4）为地下水水质控制和地下水管理提供数据。

目前地下水水质监测网由大约 380 个监测井组成，约每 100 km^2 分布 1 个井。大部分监测井分布在用于饮用水源的淡水地区。监测井的位置与土壤类型和土地利用密切相关。监测井都是专门为取水样而安装的。考虑到荷兰地下水流速十分缓慢，水质监测取样频率为每年 1 次。

荷兰地下水水质监测网是由国家公共健康与环境研究所管理的。1991 年建立了国家地下水水质数据库（INGRES）。全国地下水水质监测数据都储存在 INGRES 数据库中。地下水水质状况发布有三种方式：首先，是单个监测井的水质；其次，是每个省的水质年报；最后，是全国地下水水质年报，用水质的统计特征值和水质图表示。此外，又开发了水质数据管理的信息系统（MONITOR），该系统是研究人员和管理者进行水质分析和管理的有效工具。

荷兰 12 个省也有自己的地下水水质监测井。其监测目的与国家监测网相似：

（1）评价地下水水质状况；

（2）监测地下水水质趋势；

（3）验证水质管理措施的效果；

（4）地下水易污区水质早期预警；

（5）为水质研究和管理提供基础数据。

省政府运行省级监测网，包括取样与分析。最后，所有的水质数据都要储存在国家水质数据库中。

2. 欧盟水框架计划地下水水质监测

从已发表的调查得知，欧盟国家地下水水质监测从 20 世纪七八十年代开始。地下水水质监测网的建立根据国家的需求并考虑当地的水文地质条件，因而，国与国之间监测目的大不相同。但是，“普查监测”和“水质趋势监测”是所有欧盟国家的共同目的。

欧盟于 2000 年颁布的水框架条例（WFD）旨在保护欧洲的水体，其目标是到 2015 年使欧盟所有成员国的水与生态达到良好状态。条例要求监测所有流域的地表水与地下水。监测工作组于 2003 年公布了监测指南。监测指南详细规定了如何建立地表水和地下水监测网。其中，地下水监测计划区分为地下水位监测网和地下水质监测网，地下水质监测网又细分为普查监测网和运行监测网。

在每个水框架计划周期（15 年）的最初年份要进行普查监测，其监测目标为：

（1）补充和验证对地下水水质风险评价的结果，地下水水质风险评价是评价地下水体存在无法达到良好的水化学状态的风险；

（2）对于在地下水水质风险评价中表明没有风险的地下水体，确立其地下水水质状态；

（3）为评价地下水在自然和人类活动影响下的水质长期变化趋势提供信息。在 2 次普查监测周期之间要进行运行监测。运行监测专注于监测在地下水水质风险评价中表明有风险的地下水体。

运行监测应能完成以下任务：

（1）建立处于风险状态的地下水体的地下水水质状况；

（2）确立污染物的浓度存在持续的、明显的上升趋势。

目前所有成员国都在改进各自国家的地下水监测网以满足欧盟水框架计划的要求。监测指南提出了设计和运行地下水监测网的原则，主要原则如下：

（1）地下水质监测网密度与频率应当与地下水水质风险评价时的困难成正比：难以建立地下水体的地下水水质状况；难以确立有害污染的趋势；由上述两项评价错误造成的后果。

（2）设计和运行地下水监测网应当考虑：地下水体的功能；地下水体的特征；当前对地下水系统的认知程度；目前地下水体承受的压力的类型、范围和强度；对这些压力造成地下水水质风险的评价的可靠程度；水框架计划要求的地下水水质风险评价的可靠程度。

地下水体承受的压力、地下水系统的概念模型、污染物的特性及其对地下水水质产生的风险作为确定监测点的最佳位置和最佳监测频率的依据。欧盟水框架计划要求普查监测测试的主要水质参数为含氧量、pH 值、电导率、硝酸根离子与氨氮。普查监测和运行监测测试的其他水质参数取决于：监测目的；查明的压力；地下水水质风险评价结果；污染物的特性。

3. 美国地下水水质监测

负责美国地下水水质监测的国家机构主要是美国地质调查局和美国环保署。美国地质调查局从 1991 年开始执行国家水质评价计划，旨在建立河流、地下水和水生态的长期与可比的信息系统以支持国家、区域、州和地方水质管理和政策的信息需求。美国国家水质评价计划的设计目标为：

（1）明确地表水和地下水的水质状况；

（2）确立水质趋势；

（3）查明水质变化与各种影响因素的关系。

在 1991~2001 完成的第一个十年计划期间，美国国家水质评价计划对 51 个河流流域和区域含水层进行了多学科评价，建立了背景水质状况。已出版的上千份技术报告描述了河流和地下水的水质状况。同时对每个河流流域和区域含水层编写了非技术总结报告，为资源管理、保护、立法和政策制定部门提供信息。此外还编写了农药、营养物和挥发有机物浓度与饮用水和生态保护的国家标准的对比报告。

第二个十年计划（2001~2012）选择了 42 个研究地区（23 个流域和 19 个大区域含水层）进行水质监测与评价。第二个十年计划的主要研究内容包括：

（1）继续进行对农药、营养物、挥发有机物、微量元素和水生态的国家综合评价；

（2）研究 5 个国家优先领域：农业化学物的迁移；城市化对河流生态的影响；汞在河流生态中的生物富集；富营养化对水生态的影响；污染物向公共水井的运移；

（3）地表水和含水层水质状态与趋势变化的区域性评价。

（1）全国应用相同的研究设计和方法，因此水质状况评价结果可以在区域或全国进行对比；

（2）研究计划是长期和周期性的，因此可以分析水质趋势变化以确定水质是在变好还是恶化；

（3）研究分析人类活动（污染源、土地利用和化学物质使用）和自然因素（土壤、地质、水文和气象）与水质、水生态和河流生态环境的关系，因此研究成果支持水资源管理、饮用水源保护和水生态保护决策；

（4）研究分析水质与人类健康的联系，因此研究成果有助于保护国家饮用水源；

（5）综合评价把监测、模型和其他工具相结合，因此可以用有限监测点获得的信息评价不同的水资源管理方案以及预测管理措施对水质状态的影响。

美国国家水质评价计划于 1999 年启动了高原含水层区域评价的示范项目。高原含水层穿越美国8个州，面积达44.89×10^4 km^2。含水层地下水年龄短的不到10 a，长的超过10 000 a。截至2004年，已经研究了含水层水质的时空变化，水质参数包括营养物、挥发有机物、农药、微量元素和氡浓度。应运氚和放射性碳估算了地下水年龄和地下水的补给时间，从而确定了地下水受近代人类活动污染的可能性。一个重要的发现是灌溉农田的化学物要穿越大厚度的非饱和带到达潜水面要用50~375 a，因此，只有过几十年以后才能监测到现在进行的农田管理试验是否能改善地下水水质。因而，在2005~2006年用模型评价了地下水水质的变化和化学物的运移。

美国环保署是个执法机构，它已颁布了许多地下水监测指南，下面是一些例子：

（1）农药对地下水影响监测研究指南；

（2）固体废物堆放地下水监测指南；

（3）地下水监测井设计与安装实践手册；

（4）地下水取样指南；

（5）安全饮用水法；

（6）岩溶地区地下水监测；

（7）矿区地下水监测；

（8）地下水取样操作指南。

在美国，至少有15个联邦机构参与水质监测，有必要建立一个国家协调组织，协调监测活动，由此诞生了国家水质监测理事会。理事会由环保署和地调局双主席制，代表来自联邦、州、部落、地方和市政府，流域组织，志愿监测组织和私有团体。理事会成立了一个地下水专题工作组，其任务是编制地下水监测计划设计与运行的国家办法。编制国家办法的目的在于评价地下水质特征，促进不同机构之间的合作，和鼓励水质数据的广泛交换。国家办法的主要组成部分包括：监测机构进行地下水监测计划和项目的职责；执行专门监测项目的步骤。

（二）地下水污染风险评价

计算地下水污染风险的方法是地下水污染的概率与污染后果之乘积。一般用污染源的灾害分级代替地下水污染的概率，合并地下水易污性图与地下水价值图可预测地下水污染后果。地下水污染风险性高，是指高价值的地下水资源将会受到灾害高的污染源的污染。因而，评价地下水污染风险需要编制3张基础图：地下水易污性图、地下水价值图和地下水污染源灾害分级图。首先，合并地下水易污性图与地下水价值图，以生成地下水保护紧迫性图；其次，与地下水污染源灾害分级图合并产生地下水污染风险图。

地下水难以定价，因而，对地下水的经济效益分析很少。大多数地下水的研究仅仅评价开采地下水供水的价值，还没有对地下水的开采价值和生态价值进行全面评价。认识和定量评价地下水的总价值对于地下水开发与管理的经济效益分析十分必要。地下水的总价值由“开采价值”和“原位价值”两部分组成。地下水的开采价值可以用地下水城市供水、工业供水、商业供水和农业供水产生的经济效益确定。地下水的原位价值可能包括：对地表水供水周期性缺水的调节；预防或减少地面沉降；保护地下水水质；防止海水入侵；维持生物多样性；提供游乐场所的排泄量。对于编制地下水污染风险图的目的，可用一些简单的地下水价值评价方法。

由地下水易污性图和地下水价值图叠加生成地下水保护紧迫性图。易于污染的高价值地下水需要保护的紧迫性越高；反之，不易污染的价值低的地下水需要保护的紧迫性越低。例如，地下水供水水源地一般位于含水层补给条件好且导水能力强的部位，因此易受污染，需要划定水源保护区加以保护。叠加地下水保护紧迫性图与地下水污染源分级图，从而得到地下水污染风险分区图。如果在地下水保护紧迫性高的地区存在有害的地下水污染源，则该区地下水污染风险高，需要对地下水污染源进行优先治理。因而，地下水污染风险分区图圈划出地下水污染的高风险区，为地下水资源保护和污染源治理提供重要依据。

（三）地下水水质监测网设计

1. 评价地下水水质状况

美国国家水质评价计划在区域性水质评价调查中应用分区随机取样法选择取样井。把地下水盆地首先划分成主要的水文地质单元：A、B 和 C。如果要评价单元 A 的地下水质状况，就把单元 A 划分成 N 个等面积的小单元，N 等于取样点个数。然后在每个小区内随机选取一个取样点，离这个点最近的井即为取样井。

开采井适合取样评价水质状态。但要确信开采井只开采一个区域性含水层。如果是多层含水层，应当选择分层开采井以评价各层含水层的水质。

2. 面源污染监测

农业面源对地下水的污染取决于污染源的特性、非饱和带的自然降解能力以及含水层的易污性。地下水污染风险图综合这些因素，把地下水盆地划分成不同污染风险的小区。因而，监测面源污染的监测井应当选择污染风险高的小区监测。在北京、乌鲁木齐和济南，应用地下水污染风险分区图设计了面源污染监测井的位置。

美国环保署颁布了评价农药淋滤迁移到地下水面的研究指南。该指南详细规定了采集表土样、非饱和带土样和地下水样以确定可能淋滤的农药及其降解物对地下水的污染。

监测面源污染应当在最上部的潜水含水层安装专门的监测井，监测井的滤水管长度应当在 2~5 m，这样能够取到代表性的水样，以监测面源的污染。

3. 点源污染监测

美国对有害废物储存设施的立法要求如下：

（1）在储存设施的地下水上游顶层含水层安装背景监测井（至少 1 个），监测井的数量、位置和深度必须足以采取地下水样以便确定：储存设施的地下水上游顶层含水层的背景水质；水样不能受到储存设施的影响。

（2）在储存设施附近的地下水下游顶层含水层要求安装预警监测井（至少 3 个），监测井的数量、位置和深度必须足以采取地下水样以便及时监测从储存设施迁移的有害废物。美国环保署颁布了设计点源污染监测井的指南。指南确定了监测系统设计的9个步骤，重点是建立和细化有害废物储存设施周围地下水系统的概念模型。

4. 取样频率

只有长时间系统地从监测井取地下水样，才能通过监测得到面源或点源污染地下水的趋势。统计方法已用于污染趋势的显著性检验及其趋势检验需要的取样频率。检验趋势的能力已用于检验线性和阶梯状趋势。欧盟水框架计划建议用统计检验确定线性趋势、二次项趋势和系统趋势。这些方法指出地下水的污染趋势需要用长期的低频率（半年1次或1年1次）取样进行监测。

第六节　水资源保护措施

一、加强节约用水管理

依据《中华人民共和国水法》和《中华人民共和国水污染防治法》有关节约用水的规定，从四个方面抓好落实。

1. 落实建设项目节水“三同时”制度

即新建、扩建、改建的建设项目，应当制订节水措施方案并配套建设节水设施：节水设施与主体工程同时设计，同时施工同时投产：今后新、改、扩建项目，先向水务部门报送节水措施方案，经审查同意后，项目主管部门才批准建设，项目完工后，节水设施验收合格，才能投入使用，否则供水企业不予供水。

2. 大力推广节水工艺，节水设备和节水器具

新建、改建、扩建的工业项目，项目主管部门在批准建设和水行政主管部门批准取水许可时，以生产工艺达到省规定的取水定额要求为标准；对新建居民生活用水、机关事业及商业服务业等用水强制推广使用节水型用水器具，凡不符合要求的，不得投入使用。通过多种方式促进现有非节水型器具改造，对现有居民住宅供水计量设施全部实行户表外移改造，所需资金由地方财政、供水企业和用户承担，对新建居民住宅要严格按照“供水计量设施户外设置”的要求进行建设。

3. 调整农业结构，建设节水型高效农业

推广抗旱、优质农作物品种，推广工程措施、管理措施、农艺措施和生物措施相结合的高效节水农业配套技术，农业用水逐步实行计量管理、总量控制，实行节奖超罚的制度，适时开征农业水资源费，由工程节水向制度节水转变。

4. 启动节水型社会试点建设工作

突出抓好水权分配、定额制定、结构调整、计量监测和制度建设，通过用水制度改革，建立与用水指标控制相适应的水资源管理体制，大力开展节水型社区和节水型企业创建活动。

二、合理开发和利用水资源

合理开发和利用水资源包括以下几个方面。

1. 严格限制自备井的开采和使用

已被划定为深层地下水严重超采区的城市，今后除为解决农村饮水困难确需取水的不再审批开凿新的自备井，市区供水管网覆盖范围内的自备井限时全部关停；对于公共供水不能满足用户需求的自备井，安装监控设施，实行定额限量开采，适时关停。

2. 贯彻水资源论证制度

国民经济和社会发展规划以及城市总体规划的编制，重大建设项目的布局，应与当地水资源条件相适应，并进行科学论证。项目取水先期进行水资源论证，论证通过后方能由项目主管部门立项。调整产业结构、产品结构和空间布局，切实做到以水定产业，以水定规模，以水定发展，确保水资源保护与管理用水安全，以水资源可持续利用支撑经济可持续发展。

3. 做好水资源优化配置

鼓励使用再生水、微咸水、汛期雨水等非传统水资源；优先利用浅层地下水，控制开采深层地下水，综合采取行政和经济手段，实现水资源优化配置。

三、加大污水处理力度，改善水环境

1. 根据《入河排污口监督管理办法》的规定，对现有入河排污口进行登记，建立入河排污口管理档案。此后设置入河排污口的，应当在向环境保护行政主管部门报送建设项目环境影响报告书之前，向水行政主管部门提出入河排污口设置申请，水行政主管部门审查同意后，合理设置。

2. 积极推进城镇居民区、机关事业及商业服务业等再生水设施建设。建筑面积在万平方米以上的居民住宅小区及新建大型文化、教育、宾馆、饭店设施，都必须配套建设再生水利用设施；没有再生水利用设施的大型公建工程，也要完善再生水配套设施。

3. 足额征收污水处理费。各省、市应当根据特定情况，制定并出台《污水处理费征收管理办法》。要加大污水处理费的征收力度，为污水处理设施运行提供资金支持。

4. 加快城市排水管网建设，要按照“先排水管网，后污水处理设施”的建设原则，加快城市排水管网建设。在新建设时，必须建设雨水管网和污水管网，推行雨污分流排水体系，要在城市道路建设改造的同时，对城市排水管网进行雨、污分流改造和完善，提高污水收水率。

四、深化水价改革，建立科学的水价体系

1. 利用价格杠杆促进节约用水、保护水资源。逐步提高城市供水价格，不仅包括供水合理成本和利润，还要包括户表改造费用、居住区供水管网改造等费用。

2. 合理确定非传统水源的供水价格。再生水价格以补偿成本和合理收益原则，结合水质、用途等情况，按城市供水价格的一定比例确定。要根据非传统水源开发利用的情况，及时制定合理的供水价格。

3. 积极推行“阶梯式水价（含水资源费）”。电力、钢铁、石油、纺织、造纸、啤酒、酒精，这七个高耗水行业，应当实施“定额用水”和“阶梯式水价（水资源费）”。水价分三级，级差为 1∶2∶10。工业用水的第一级含量，按《省用水定额》确定，第二、三级水量为超出基本水量 10（含）和 10 以上的水量。

五、加强水资源费征管和使用

1. 加大水资源费征收力度。征收水资源费是优化配置水资源、促进节约用水的重要措施。使用自备井（农村生活和农业用水除外）的单位和个人都应当按规定缴纳水资源费（含南水北调基金）。水资源费（含南水北调基金）主要用于水资源管理、节约、保护工作和南水北调工程建设，不得挪作他用。

2. 加强取水的科学管理工作，全面推动水资源远程监控系统建设、智能水表等科技含量高的计量设施安装工作，所有自备井都要安装计量设施，实现水资源计量，收费和管理科学化、现代化、规范化。

六、加强领导，落实责任，保障各项制度落实到位

水资源管理、水价改革和节约用水涉及面广、政策性强、实施难度大，各部门要进一步提高认识，确保责任到位、政策到位。落实建设项目节水措施“三同时”和建设项目水资源论证制度，取水许可和入河排污口审批、污水处理费和水资源费征收、节水工艺和节水器具的推广都需要有法律法规做保障，对违法违规行为要依法查处，确保各项制度措施落实到位。要大力做好宣传工作，使人民群众充分认识中国水资源的严峻形势，增强群众对水资源的忧患意识和节约意识，形成“节水光荣，浪费可耻”的良好社会风尚，形成共建节约型社会的合力。

第三章　水资源开发

第一节　开发原则

一是全面规划、统筹兼顾、标本兼治、综合利用、讲求效益的原则。这是规范和指导开发、利用、节约、保护水资源和防治水害等各项水事活动的基本原则，此为一个有机整体，全面规划是基础，统筹兼顾、标本兼治是手段，综合利用、讲求效益是目的。

二是兴利与除害相结合、服从防洪总体安排的原则。这是根据水资源时空分布不均匀和利害双重性，针对我国洪涝灾害频繁且日益严峻的水情，对开发利用水资源所提出的原则性要求。

三是开源与节流相结合、节流优先的原则。这是根据水资源的有限性和时空分布不均匀性，针对我国存在既严重缺水又普遍浪费水的实际情况所提出的原则性要求。

四是开发与保护相结合、对污水处理再利用的原则。这是根据可持续发展的战略要求，为实现水资源可持续利用，针对我国存在水资源开发与保护脱节、水污染呈日趋严重的趋势所提出的原则性要求。

五是地表水与地下水统一调度、开发的原则。这是根据水的循环规律，针对我国存在地表水与地下水分割开发、分割调度，部分地区地下水已严重超采的情况所提出的原则性要求。

六是生活、生产、生态用水相协调，优先满足生活用水的原则。这是根据水的多功能性和不可替代性，为维护人的基本生存权，并针对我国长期以来忽视生态用水需要，造成生活、生产、生态之间用水比例失调，引起生态环境恶化的情况所提出的原则要求。

七是兼顾上下游、左右岸和有关地区之间利益的原则。这是根据水的流动性和多功能性，为上下游、左右岸经济社会的协调共同发展，避免水资源配置和水工程建设不当而引发跨行政区域的水事纠纷，对开发利用水资源所提出的原则性要求。

第二节 山丘区开发

1. 工程概况

项目位于滕州市官桥镇中韩村西侧的罗汉山上，总占地 18.4 万 m^2。所选供水源为八一煤矿、刘村煤矿以及十字河地表水，供水水源地坐落在官桥断块区中南部，滕州市东南部，官桥镇、柴胡店镇境内。本着建设项目“先中水，再地表水，然后地下水”的用水原则，滕州市水务局利用煤矿矿坑水与十字河地表水作为联合供水水源，向滕州开元生化乙醇胺化工项目供水。项目年取水量 441.84 万 m^3，利用八一煤矿矿坑水为主要供水水源，日供水 1.325 万 m^3，煤矿矿坑水与十字河地表水为备用水源，供水保证率为 95%。

2. 区域水资源及其开发利用分析

（1）水资源状况分析

滕州市属暖温带半湿润地区季风型大陆性气候，受地形地貌等因素的影响，全市降水量由东南向西北递减。项目区地处滕州市东南部，据多年降水资料分析，降水年内年际变化较大，地区和时空分布都不均匀，对水资源的开发利用极为不利。根据《21 世纪初期滕州市水资源可持续利用规划》中水资源评价成果，滕州市多年平均水资源总量为 63 055.4 万 m^3。

（2）煤矿矿坑水水源分析

八一煤矿位于山东省滕州市官桥镇境内，井田位于官桥单斜的中部。据八一煤矿矿坑水涌水量观测资料分析，该矿多年平均涌水量为 724.3 m^3/h（1.738 万 m^3/d），该矿矿坑水回用量为 0.2 m^3/d，尚富余 1.5 万 m^3/d 左右的矿坑水可以利用。根据资料显示，年实际涌水量为 839.7 m^3/h（2.015 万 m^3/d），大于多年平均涌水量，这说明每天有 1.5 万 m^3 ~ 1.8 万 m^3 的矿坑水可以利用。绝大多数矿坑水经煤矿污水处理站处理后，通过排水管道和自然沟排入十字河。在现状年供水条件下，本项目供水利用八一煤矿矿坑水供水量 1.325 万 m^3/d 是可行可靠的。刘村煤矿位于山东省官桥煤田中西部，矿井最大涌水量 1 770 m^3/h，最小 845 m^3/h。据《滕州市刘村煤矿检测地质报告》，刘村煤矿浅部矿井最大涌水量达 650 m^3/h，根据刘村煤矿目前提供的矿井涌水量情况，按最小涌水量 470 m^3/h 计算，排水量达 1.13 万 m^3/d 以上，年排水量达 411.72 万 m^3。

（3）地表水水资源

滕州市境内的河流属淮河流域，京杭大运河水系。十字河发源于山亭区，总长 75 km，河宽 80 ~ 120 m，流经羊庄镇、官桥镇、柴胡店镇，于柴胡店镇魏河圈出境入微山。十字河官庄翻板闸拦蓄工程蓄水能力达 90 万 m^3，翻板闸以上四座拦蓄工程总蓄水能力达 304.98 万 m^3，且调蓄能力和复蓄能力较大，根据十字河官庄站降雨资料和河径流资料分析，保证率在 95% 的情况下，年取十字河地表水 109.5 万 m^3（3 000 m^3/d）是有保证的。

3. 取用水方案合理性分析

由于区域地下水资源开发利用主要为第四系浅层地下水，对于煤系地层水开发利用程度较低，矿井排水几乎没有利用。而区域内地表水资源（十字河）有部分开发利用（只是用于农业灌溉），致使大量的十字河地表水白白浪费。根据煤矿矿坑水与十字河地表水水质化验报告，其供水水质通过项目净水厂处理后，均可满足项目用水的生产、生活、消防用水水质要求。供水源的确定，既能保障项目所需水量的要求，又可节约优质地下水，减少了水资源浪费，保护当地用水环境，取用水比较合理，根据报告显示，对区域水资源利用没有产生负面的影响。在现状年供水工程条件下，滕州开元生化乙醇胺化工项目供水工程利用八一煤矿矿坑水年供水量为 1.325 万 m^3/d，刘村煤矿矿坑水与十字河地表水为备用水源，保证率在 95% 的情况下是可行、可靠的。利用刘村煤矿矿坑水 1.13 万 m^3/d、十字河地表水（3 000 m^3/d）作为该建设项目供水工程的后备水源是切实可行的，提高了该建设项目的供水保证率。

4. 退水影响及水资源保护措施

（1）退水影响

为达到节约用水和保护环境的目的，建设项目生产污水经滕州中盛化工有限公司的污水处理站，处理达标后全部回用，因此，建设项目退水对水功能区和第三方的影响较小。

（2）水资源保护措施

水资源保护措施包括工程措施和非工程措施：

工程措施：A. 建设项目须严格执行“三同时”原则，B. 建设项目应加大处理后的生产、生活污水的回用力度 C. 进行地面硬化或防渗膜处理，防止污水下渗影响地下水。

非工程措施：A. 严格执行《中华人民共和国水法》，B. 企业应加强用水和节水的计量管理，建立健全各项节水制度，提高全员节水意识，定期进行水量平衡试验，做好企业节水工作。

第三节　平原区开发

1. 水资源开发利用现状

盆地内灌区集中分布在西部和北部地区，灌区内的渠系配套成网，22 条干渠总引水量 12.596×10^8 m^3/a，其中引开都河水 9.957×10^8 m^3/a、引黄水沟等河水 2.011×10^8 m^3/a，引戈壁带泉集河水 0.628×10^8 m^3/a。平原区地下水开发利用程度较低，截至 1997 年，有深浅井 795 眼，主要集中在缺水的和硕县、焉耆县等地，估计总提抽能力达 1×10^8 m^3/a，实际开采量仅 0.388×10^8 m^3/a。平原区水资源开发利用总量 12.984×10^8 m^3/a，灌溉土地 93 753 hm^2。

2. 存在的主要问题

平原区的水资源利用程度、利用方式是否合理，很大程度上制约甚至决定着该地区经济发展规模、发展速度及该地区人民生存环境的演变方向。日前灌区在水土资源平衡、水量供需平衡、水盐动态平衡和生态环境等方面，都存在一定的问题，主要体现在：

（1）盆地地表水资源丰富，但地域分布极不均匀，使盆地近 213 333 hm^2 宜农林牧荒地因缺水难以利用，特别是南东部的大片土地几乎无水灌溉。

（2）灌区灌溉粗放，灌溉定额过高，不仅浪费了大量的水资源，而且造成潜水位上升，潜水蒸发量增大，并引起地表积盐。月前中重度盐渍化和盐土面积已占到总面积的 35.34%，还存在轻度向中重度盐渍化演变的潜在威胁，尤其是灌区中下部的土壤次生盐渍化发展很快。

（3）农田排：大量的高矿化水排入博湖，使湖水每年多进盐（40~60）$\times 10^4$ t，目前，湖水的矿化度已高达 1.7~1.8 g/L，已面临由淡水湖向咸水湖劣变的危险。博湖是开都河孔雀河流域的中间环节，湖水水质的劣变还将危及下游孔雀河流域的用水安全。

（4）焉耆盆地孔雀河流域水量不足及配水和用水矛盾，使盆地流域的生态环境进一步恶化，特别是孔雀河流域因受来水量限制，大片胡杨林和植被枯死，下游的绿色屏障衰退，著名的罗布泊现已干枯，大面积呈现荒漠景观。

3. 水资源开发模式

（1）地表水与地下水的关系

盆地内的地表水与地下水相互联系、相互转化，关系十分密切。河沟水在戈壁带入渗补给地下水，在地形低洼处又溢出形成地表水；河水与泉水用明渠引入灌区成为灌溉用水，引水、灌溉又使地表水大量漏失而转化成地下水；由于灌区地下水补给量的增加，造成地下水位的抬升，一方面，通过垂向蒸发及植物蒸腾消耗；另一方面，又向低洼处（如河、渠、湖）径流排泄形成地表水。这种地表水与地下水在自然条件下及人类工程活动影响下的联系和相互转化及转化量，平衡着地下水位的升降趋势和幅度。更为有趣的是，地下水的升降又将影响地下水的补排关系，特别是地下水的蒸发强度会影响土壤盐分的蓄积和溶滤。

（2）引灌与井灌的效应分析

土壤盐渍化的程度及改良盐碱地的效果与当地自然条件和地质环境有关，同时也取决于地下水的补排关系和补排量，特别是灌区灌溉方式（地表水引灌与井排井灌）的选取对其将有显著的影响。地表水引灌会大量地增加地下水的补给量，造成水位上升，蒸发量增大，从而使土壤盐分向积蓄的方向发展。地下水的开采，不仅可作为水源用于灌溉，而且还可作为地下水的人工排泄点，去影响原有的补排量与水位场，即造成原有排泄量的减少和地下水位的下降；当地下水开采强度增大时，这种影响将变得更加显著。因此，井排井灌将会使土壤盐分向溶滤的方向发展，能达到土壤洗盐和脱盐的效果，这也是防治土壤盐渍化最有效的方法之一。

（3）地表水与地下水联合利用是最佳开发模式。单一的开发模式不仅使有限的水资源不能得到充分利用，甚至有时还会带来不良的环境问题。如区内较为单一的地表水开发利用模式，使区域地下水位升高，无效蒸发量增大，同时也加剧了土壤的盐渍化进程；而较为单一的地下水开发利用模式，又会造成地下水位的持续下降，带来水源枯竭，生态植被严重退化等问题。

第四章　水资源利用

第一节　用水原则

一、确立科学用水思想

我们讲节约用水，并不是一味地强调不用水，或者限制所有的用水户，而是要根据各地水资源的实际情况，制定合理的用水规划，把有限的水资源用在最需要它的地方。由于我国幅员辽阔，南北距离远，各地降雨量不同，所拥有的可利用水量也不相同，要针对水资源余缺情况，按照国家的相关标准，合理规划当地用水。国家根据不同地区的实际情况，已经制定了各地的灌溉标准、人畜饮用水标准、工业用水标准等，但这只是指导性的标准，并不能全部照搬，否则就不必谈节水了。

各地缺水的原因也是不一样的，有工程性缺水、资源性缺水和污染性缺水。工程性缺水是指该地区降水量并不比别的地方少，而是缺少蓄水塘库等蓄水工程，或者水源较远，没有引水、提水工程设施，致使部分地区有水不能储存或不能得到充分利用，造成季节性缺水。资源性缺水就是水资源量相对较少，即使按最低的用水标准设计，还是难以满足基本的用水需求，造成用水紧缺。污染性缺水是人为因素造成的，江、河、湖等地表水源被局部或全面污染，甚至危及地下水源，致使一部分地区有水不能用，缺水严重。无论何种原因造成的缺水，都会影响我们的日常生活，阻碍地方经济的发展，甚至造成社会不安定，所以，水是我们生命的基础，一定要予以重视。

要改变缺水的状态，无论何种类型的缺水，都应当查摸清情况，调查统计缺水的危害性有多大，是否已影响到地方正常发展。针对缺水的具体情况，采取开发与节约并举、科学用水的措施，节约用水是我们的必由之路。

二、走自觉节约用水的道路

广大人民群众并不知道当地的水资源情况，大部分人根本没有缺水的概念，用水对他们来说是必须的，节水又从何谈起呢？等到真的缺水了，引起人们的重视了，甚至造成地区性用水恐慌，但为时已晚。因此我们要加强宣传，让广大人民了解水资源紧缺的严重性，牢固树立节约用水的观念，形成节约用水的自觉意识，从而降低节水成本。不论何事，治理的途径多种多样，主要有政治措施和经济措施。政治措施可用于区域性水资源规划，水量调配，强制性节水措施等。而经济措施正是针对一家一户，企业事业单位的。要求人们节约用水，必须制定合理的水价，使广大人民群众或机关单位职工，一想到用水，就想到缴纳水费，要承受一定的经济负担。合理的水价，既要使群众能承受，又要有一定的制裁效果，不然就起不了经济杠杆的作用。对故意浪费水、损坏供水设施的行为要严厉打击，对偷水行为要严加惩处。使全体民众都树立节水就有效益的节水效益意识，逐步走上自觉节约用水的道路。

三、节约用水的主要措施和途径

在全面提高人们保水节水，科学用水的基础上，就如何实现科学节水，合理降低人们的用水成本是非常必要的。对于工业用水，有工业主管部门进行专项研究，针对不同工业企业，不同的单位产品用水量，选择有利的建设区域，做到趋丰避枯，从宏观上调配实现区域水资源平衡；降低单位产品用水量，也是提高产品效益的重要途径。现在很多各企业非常注重用水成本，但往往忽略了对水源的环境保护，造成污染性缺水，这是目前我国部分地区工业发展的一大弊端，也是制约地区经济良性发展的关键。因为，工业治污也是缓解水资源紧张的重要举措，只有节约与治理并重，才能有效控制水污染企业的随意排放行为，最大限度地保护好水源。

农业用水方面，目前，大部分人只有在模糊的节水意识。因为我国是一个农业大国，霍邱县又是一个农业大县，农业用水占去了整个水资源的主要部分，已经形成了大水漫灌的习惯，对节水没有根本性的认识。负责水利工程建设和工程管理的水利部门人员少，经费不足，没有力量将所有灌区均纳入监督管理范围，一到灌溉季节，干渠上游漫灌，下游无水，上游田间淹灌，下游田干苗枯，灌区人民没有节水支援下游的高尚思想。要节水，就必须走控制与惩处并重的道路，因为史河灌区渠系渠床多为黏土，渗透性极小，地下水贫乏，没有进行渠系防渗衬砌的必要。因此，要进行全灌区统一调配，合理确定水价，按方收取水费，使广大老百姓树立节“水就是效益，浪费水源就给自己带来经济损失”的全新思想，由控制节水向自觉节水逐步迈进。同时，在水利科研部门的指导下，改变部分地区作物种植结构，减少单位面积用水量，提高经济效益，以期彻底改变农业用水浪费的现实。

城镇居民生活用水和市政工程用水，虽然只占整个水资源用量的很少一部分，由于制水成本高，关乎人民的身心健康，是国家最为重视的一个节水环节。无论是地表水源还是地下水源，要送到用户，都必须经过提水、输水、净化、控制，计量等一系列程序，对水源的水质要求又特别高，一旦人民生活用水得不到保障，就会造成用水恐慌，因此，提高城市居民生活用水保证率非常有必要。城市节水的途径多种多样，节水成本也不一样，我们在不断寻求既经济又方便的节水方式。要改善城市当地的供水条件，一是要考虑地表水源的保护与开发，保护就是尽可能减少水源污染，开发就是要增加蓄水能力或开辟新的水源，提高水源供水保证率；二是要加强管网漏失检查，减少跑冒滴漏，降低管网泄漏损失；三是要加强供水计量，分别控制检测，杜绝偷水行为，提高自来水回收率；四是提倡家家户户设置废水再利用设施，做到一水多用，废水利用；五是公共用水场所尽可能安装限时限水水龙头等节水设备，减少不必要的人为浪费；六是适当提高用水价格，发挥经济杠杆的作用，调整人们的用水思路，做到自觉保水节水。另外，城市绿化、降尘等用水，有条件的，可用中水或废水处理后再利用，以利节约水资源。

第二节 生活用水

一、生活用水的概念

生活用水是人类日常生活及其相关活动用水的总称。生活用水包括城镇生活用水和农村生活用水。城镇生活用水包括居民住宅用水、市政公共用水、环境卫生用水等，常称为城镇大生活用水。城镇居民生活用水是指用来维持居民日常生活的家庭和个人用水，包括饮用、洗涤、卫生、养花等室内用水和洗车、绿化等室外环境用水。农村生活用水包括农村居民用水、牲畜用水。生活用水量一般按人均日用水量计，单位为 L(人 d)。生活用水涉及千家用户，与人民生活的关系最为密切。开发、利用水资源，应当首先满足城乡居民生活用水。因此，要把保障人民生活用水放在优先位置。这是生活用水的一个显著特征，即生活用水保证率高，放在所有供水先后顺序中的第一位。也就是说，在供水紧张的情况下优先保证生活用水。

同时，由于生活饮用水直接关系到人们的身体健康，对水质要求也较高，这是生活用水的另一个显著特征。随着经济与城市化进程的不断加快，用水人口不断增加，城市居民生活水平不断提高，公共市政设施范围不断扩大与完善，预计在今后一段时期内，城市生活用水量仍将呈增长趋势。因此，城市生活节水的核心是在满足人们对水的合理需求的基础上，控制公共建筑、市政和居民住宅用水量的持续增长，使水资源得到有效利用。大力推行生活节水，对于建设节水型社会具有重要意义。

二、生活节水途径

生活节水的主要途径有：实行计划用水和定额管理；进行节水宣传教育，提高居民节水意识；推广应用节水器具与设备；开展城市再生水利用技术；等等。

1. 实行计划用水和定额管理

我国《城市供水价格管理办法》明确规定："制定城市供水价格应遵循补偿成本、合理收益、节约用水、公平负担的原则。"通过水平衡测试，分类分地区制定科学合理的用水定额，逐步扩大计划用水和定额管理制度的实施范围，对城市居民用水推行计划用水和定额管理制度。

科学合理的水价改革是节水的核心内容。要改变缺水又不惜水、用水浪费无节度的状况，必须用经济手段管水、治水、用水。针对不同类型的用水，实行不同的水价，以价格杠杆促进节约用水和水资源的优化配置，适时、适地、适度调整水价，强化计划用水和定额的管理力度。

所谓分类水价，是根据使用性质将水分为生活用水、工业用水、行政事业用水、经营服务用水、特殊用水五类。各类水价之间的比价关系由所在城市人民政府价格主管部门会同同级城市供水行政主管部门，结合当地实际情况确定。

居民住宅用水取消"包费制"，是建立合理的水费体制、实行计量收费的基础。凡是取消"用水包费制"进行计量收费的地方都取得了明显效果。合理地调整水价不仅可强化居民的生活节水意识，而且有助于限制不必要和不合理的用水，从而有效地控制用水总量的增长。全面实行分户装表，计量收费，逐步采用阶梯式计量水价。2011 年，中央一号文件提出"积极推进水价改革。充分发挥水价的调节作用，兼顾效率和公平，大力促进节约用水和产业结构的调整"，"合理调整城市居民生活用水价格，稳定推行阶梯式水价制度"。

2. 进行节水宣传教育，提高节水意识

在给定的建筑给定排水设备条件下，人们在生活中的用水时间、用水次数、用水强度、用水方式等直接取决于其用水行为和习惯。通常用水行为和习惯是比较稳定的，这就说明为什么在日常生活中一些人或家庭用水较少，而另一些人或家庭用水较多。但是人们的生活行为和习惯往往受某种潜意识的影响。如欲改变某些不良行为或习惯，就必须从加强正确观念入手，克服潜意识的影响，让改变不良行为或习惯成为一种自觉行动。显然，正确观念的形成要依靠宣传和教育，由此可见，宣传教育在节约用水中的特殊作用。应该指出，宣传和教育均属对人们思想认识的正确引导，教育主要依靠潜移默化的影响，而宣传则是对教育的强化。

据水资源评价的资料显示，全国淡水资源量的 80% 集中分布在长江流域及其以南地区，这些地区由于水源充足，公民节水意识淡薄，水资源浪费严重。通过宣传教育，增强人们的节水观念，提高人们的节水意识，改变其不良的用水习惯。宣传方式可采用报刊广播、电视等新闻媒体及节水、宣传资料、张贴节水宣传画、举办节水知识竞赛等，另外，还可在全国范围内树立节水先进典型，评选节水先进城市和节水先进单位等。

因此，通过宣传教育的方式督促人们节约用水，不能指望获得立竿见影的效果，除非同某些行政手段相结合，并且坚持不懈。如日本的水资源较贫乏，故十分重视节约用水的宣传教育。日本把每年的"8 · 1"定为全国"水日"，而且注意从儿童开始。联合国在

1993 年做出决定，将每年的 3 月 22 日定为“世界水日”。中国水利部将 3 月 22 日至 28 日定为“中国水周”。

3. 推广应用节水器具与设备

推广应用节水器具和设备是城市生活用水的主要节水途径之一。实际上，大部分节水器具和设备是针对生活用水的使用情况和特点而开发生产的。节水器具和设备，对于有意节水的用户而言，有助于提高节水效果；对于不注意节水的用户而言，至少可以减少水的浪费。

（1）推广节水型水龙头

为了减少水的不必要浪费，选择节水型的产品也很重要。所谓节水型水龙头，应该是有使用针对性的，能够保障最基本流量（例如洗手盆用 0.05 L/s，洗涤盆用 0.1 L/s，淋浴用 0.15 L/s）、自动减少无用水的消耗（例如加装充气口防飞溅；洗手用喷雾方式，提高水的利用率；经常发生停水的地方选用停水自闭龙头；公用洗手盆安装延时、定量自闭水龙头）、耐用且不易损坏（有的产品已能做到 60 万次开关无故障）的产品。当管网的给水压力静压超过 0.4 MPa 或动压超过 0.3 MPa 时，应该考虑在水龙头前面的干管线上采取减压措施，加装减压阀或孔板等，在水龙头前安装自动限流器也比较理想。

当前，除了注意选用节水型水龙头，还应大力提倡选用绿色环保材料制造的水龙头。绿色环保水龙头除了在一些密封的零件材料表面涂装选用无害的材料（之前，很多厂家使用石棉、有害人体健康的橡胶、含铅的油漆、镀层等，这些都应该淘汰）外，还要注意控制水龙头阀体材料中的含铅量。制造水龙头阀体，应该选择低铅黄铜、不锈钢等材料，也可以采用在水的流经部位洗铅的方法，达到除铅的目的。

为了防止铁管或镀锌管中的铅对水的二次污染以及接头容易腐蚀的问题，现在推广使用的新型管材，一类是塑料的，另一类是薄壁不锈钢的。这些管材的刚性远不如钢铁管（镀锌管），因此给非自身固定式水龙头的安装带来一些不便。在选用水龙头时，除了注意尺寸及安装方向以外，还应该在固定水龙头的方法上给予足够重视，否则会因为经常转动水龙头手柄，造成水龙头和接口的松动。

（2）推广节水型便器系统

卫生间的水主要用于冲洗便器。除利用中水外，采用节水器具仍是当前节水的主要努力方向。节水器具的节水目标是保证冲洗质量，减少用水量。现研究产品有低位冲洗水箱、高位冲洗水箱、延时自闭冲洗阀、自动冲洗装置等。

常见的低位冲洗水箱多用直落上导向球型排水阀。这种排水阀仍有封闭不严漏水、易损坏和开启不便等缺点，导致水的浪费。近些年来逐渐改用翻板式排水阀。这种翻板阀开启方便、复位准确、斜面密封性好。此外，以水压杠杆原理自动进水装置代替普通浮球阀，克服了浮球阀关闭不严导致长期溢水之弊。

高位冲洗水箱提拉虹吸式冲洗水箱的出现，解决了旧式提拉活塞式水箱漏水问题。一般做法是改一次性定量冲洗为“两挡”冲洗或“无级”非定量冲洗，其节水率在 50% 以上。

为了避免普通闸阀使用不便、易损坏、水量浪费大以及逆行污染等问题，延时自闭冲洗阀应具备延时、自闭、冲洗水量在一定范围内可调、防污染（加空气隔断）等功能，并应便于安装使用、经久耐用和价格合理等。

自动冲洗装置多用于公共卫生间，可以克服手拉冲洗阀、冲洗水箱、延时自闭冲洗水箱等只能依靠人工操作而引起的弊端。例如，频繁使用或胡乱操作造成装置损坏与水的大量浪费，或疏于操作而造成的卫生问题、医院的交叉感染等。

（3）推广节水型淋浴设施

淋浴时因调节水温和不需水擦拭身体的时间较长，若不及时调节水量，则会浪费很多水，这种情况在公共浴室尤甚，不关闭阀门或因设备损坏造成“长流水”现象也屡见不鲜。集中浴室应普及使用冷热水混合淋浴装置，推广使用卡式智能、非接触自动控制、延时自闭、脚踏式等淋浴装置；宾馆、饭店、医院等用水量较大的公共建筑推广采用淋浴器的限流装置。

（4）研究生产新型节水器具

研究开发高智能化的用水器具、具有最佳用水量的用水器具和按家庭使用功能分类的水龙头。

4. 发展城市再生水利用技术

再生水是指污水经适当的再生处理后供作回用的水。再生处理一般指二级处理和深度处理。再生水用于建筑物内杂用时，也称为中水。建筑物内洗脸、洗澡、洗衣服等洗涤水、冲洗水等集中后，经过预处理（去污物、油等）、生物处理、过滤处理、消毒灭菌处理以及活性炭处理，而后流入再生水的蓄水池，作为冲洗厕所、绿化等用水。这种生活污水经处理后，回用于建筑物内部冲洗厕所等其他杂用水的方式，称为中水回用。

建筑中水利用是目前实现生活用水重复利用最主要的生活节水措施，该措施包含生活废水处理过程，不仅可以减少生活废水的排放，还能够在一定程度上减少生活废水中污染物的排放。在缺水城市住宅小区设立雨水收集、处理后重复利用的中水系统，利用屋面、路面汇集雨水至蓄水池，经净化消毒后用于绿化浇灌、水景水系补水、洗车等，剩余的水可再收集于池中进行再循环。在符合条件的小区实行中水回用可实现污水资源化，达到保护环境、防治水污染、缓解水资源不足的目的。

第三节　工业用水

一、工业用水概述

工业用水指工业生产过程中使用的生产用水及厂区内职工生活用水。生产用水主要用途是：原料用水，即直接作为原料或作为原料一部分而使用的水；产品处理用水，即锅炉用水、冷却用水等。其中，冷却用水在工业用水中一般占 60%~70%。工业用水量虽较大，但实际消耗量并不多，一般耗水量约为其总用水量的 0.5%~10%，即有 90% 以上的水量使用后经适当处理后仍可以重复利用。

工业用水量所占比例大、供水比较集中、节水潜力大，而且能够产生较大的节水效果。工业节水的基本途径，大致可分为三个方面：

1. 加强企业用水管理

通过开源与节流并举，加强企业用水管理。开源指通过利用海水、大气冷源、人工制冷、一水多用等，以减少水的损失或冷却水量，提高用水效率。节流是指通过强化企业用水管理，企业建立专门的用水管理机构和用水管理制度，实行节水责任制，考核落实到生产班组，并进行必要的奖惩，达到杜绝浪费、节约用水的目的。

2. 通过工艺改革以节约用水

实行清洁生产战略，改变生产工艺或采用节水或无水生产工艺，合理进行工业或生产布局，以减少工业生产对水的需求。通过生产工艺的改革，实行节约用水，减少排放或污染才是根本措施。

3. 提高工业用水的重复利用率

提高工业用水重复利用率的主要途径:改变生产用水方式(如改用直流水为循环用水)，提高水的循环利用率及回用率。提高水的重复利用率，通常可在生产工艺条件基本不变的情况下进行，这是比较容易实现的，因而是工业节水的主要途径。

二、工业节水措施

工业用水需求呈增长趋势，将进一步凸显水资源短缺的矛盾。目前，我国工业取水量约占总取水量的四分之一左右，其中高用水行业取水量占工业总取水量的 60% 左右。随着工业化、城镇化进程的加快，工业用水量还将继续增长，水资源供需矛盾将更加突出。

为加强对水资源的管理，近年来，我国制定了《工业节水管理办法》，规范企业用水行为，将工业节水纳入了法制化管理。编制了《全国节水规划纲要》《中国节水技术政策大纲》《重点工业行业取水指导指标》《节水型企业评价导则》《用水单位水计量器具配备和管理通则》《企业水平衡测试通则》及《企业用水统计通则》等文件；颁布了火力发电、钢铁、石油、印染、造纸、啤酒、酒精、合成氨、味精等九个行业的取水定额；加大了以节水为重点的结构调整和技术改造力度。根据国内各地水资源状况，按照以水定供、以供定需的原则，调整了产业结构和工业布局。缺水地区严格限制新上高取水工业项目，禁止引进高取水、高污染的工业项目，鼓励发展用水效率高的高新技术产业；围绕工业节水发展重点，在注重加快节水技术和节水设备、器具及污水处理设备的研究开发的同时，将重点节水技术研究开发项目列入了国家和地方重点创新计划和科技攻关计划，一些节水技术和新设备得到了利用。工业节水措施主要可以分为三种类型。

1. 调整产业结构，改进生产工艺

加快淘汰落后高用水工艺、设备和产品。依据《重点工业行业取水指导指标》，对现有企业达不到取水指标要求的落后产品，要进一步加大淘汰力度。大力推广节水工艺技术和设备。围绕工业节水重点，组织研究开发节水工艺技术和设备，大力推广当前国家鼓励发展的节水设备（产品），重点推广工业用水重复利用、高效冷却、热力和工艺系统节水、洗涤节水等通用节水技术和生产工艺。重点在钢铁、纺织、造纸和食品发酵等高耗水行业推进节水技术。

钢铁行业：推广干法除尘、干熄焦、干式高炉炉顶余压发电（TRT）、清污分流、循环串级供水技术等。纺织行业：推广喷水织机废水处理再循环利用系统、棉纤维素新制浆工艺节水技术、缫丝工业污水净化回用装置、洗毛污水零排放多循环处理设备、印染废水深度处理回用技术、逆流漂洗、冷轧堆染色、湿短蒸工艺、高温高压气流染色、针织平幅水洗，以及数码喷墨印花、转移印花、涂料印染等少用水工艺技术、自动调浆技术和设备等在线监控技术与装备。造纸行业：推广连续蒸煮、多段逆流洗涤、氧脱木素、无元素氯或全无氯漂白、中高浓制浆技术和过程智能化控制技术、制浆造纸水循环使用工艺系统、中段废水物化生化多级深度处理技术，以及高效沉淀过滤设备、多元盘过滤机、超效浅层气浮净水器等。食品与发酵行业：推广湿法制备淀粉工业取水闭环流程工艺、高浓糖化醪发酵（酒精、啤酒等）和高浓度母液（味精等）提取工艺，浓缩工艺普及双效以上蒸发器，推广应用余热型溴化锂吸收式冷水机组，开发应用发酵废母液、废糟液回用技术，以及新型螺旋板式换热器和工业型逆流玻璃钢冷却塔等新型高效冷却设备等。切实加强重点行业取水定额管理。严格执行取水定额国家标准，对钢铁、染整、造纸、啤酒、酒精、合成氨、味精和医药等行业，根据取水定额国家已发布标准，加大实施监察力度，对不符合标准要求的企业，要求其限期整改。

2. 提高工业用水重复利用率，加强非常规水资源利用

发展工业用水重复利用技术、提高工业用水重复利用率是当前工业节水的主要途径。发展重复用水系统，淘汰直流用水系统，发展闭路水循环工艺、冷凝水回收再利用技术、节水冷却技术。工业冷却水用量占工业用水量的 80% 以上，取水量占工业取水量的 30%~40%，发展高效节水冷却技术、提高冷却水利用效率、减少冷却水用量是工业节水的重点。节水冷却技术主要包括以下几点：

（1）改直接冷却为间接冷却。在冷却过程中，特别是化学工业，如采用直接冷却的方法，往往使冷却水中夹带较多的污染物质，使其丧失再利用的价值，如能改为间接冷却，就能克服这个缺点。

（2）发展高效换热技术和设备。换热器是冷却对象与冷却水之间进行热交换的关键设备。必须优化换热器组合，发展新型高效换热器，例如，盘管式敞开冷却器应被密封式水冷却器代替。

（3）发展循环冷却水处理技术。循环冷却系统在运行过程中，需要对冷却水进行处理，以达到防腐蚀、阻止结垢、防止微生物黏泥的目的。处理方法有化学法、物理法等，现在使用较多的是化学法。目前，正广泛使用的磷系缓蚀阻垢剂、聚丙烯酸等聚合物和共聚物阻垢剂曾经使冷却水处理技术取得了突破性的进展，一直是国内外研究开发的重点，并被认为是无毒的。但研究表明，它们会使水体富营养化，又是高度非生物降解的，因而均属于对环境不友好产品。近年来，受动物代谢过程启发，经研制而合成的一种新的生物高分子一聚天冬氨酸，被誉为是更新换代的绿色阻垢剂。

（4）发展空气冷却替代水冷的技术。空气冷却技术是采用空气作为冷却介质来替代水冷却，不存在环境污染和破坏生态平衡等问题。空气冷却技术有节水、运行管理方便等优点，适用于中低温冷却对象。空气冷却替代水冷是节约冷却水的重要措施，间接空气冷却可以节水 90%。

（5）发展汽化冷却技术。汽化冷却技术是利用水汽化吸热，带走被冷却对象热量的一种冷却方式。受水汽化条件的限制，在常规条件下，汽化冷却只适用于高温冷却对象，冷却对象要求工作温度最高为 100 ℃，多用于平炉、高炉、转炉等高温设备。对于同一冷却系统，用汽化冷却所需的水量仅有温升为 10 ℃时，水冷却水量的 2%，并减少了 90% 的补充水量。实践证明，在冶金工业中，以汽化冷却技术代替水冷却技术后，可节约用水 80%；同时，汽化冷却所产生的蒸汽还可以再利用，或者并网发电。

加强海水、矿井水、雨水、再生水、微咸水等非常规水资源的开发利用。在不影响产品质量的前提下，靠近海边的钢铁、化工、发电等工厂可用海水代替淡水冷却。海滨城市也可将海水用于清洁卫生。我国工业用水中，冷却水及其他低质用水占 70% 以上，这部分水可以用海水、苦咸水和再生水等非传统水资源替代。积极推进矿区开展矿井水资源化利用，鼓励钢铁等企业充分利用城市再生水。支持有条件的工业园区、企业开展雨水集蓄利用。

鼓励在废水处理中应用臭氧、紫外线等无二次污染消毒技术。开发和推广超临界水处理、光化学处理、新型生物法、活性炭吸附法、膜法等技术在工业废水处理中的应用。这样，经处理后的污水就可以重复利用；不能利用的，外排也不会污染水源。

3. 加强企业用水管理

加强企业用水管理是节水的一个重要环节。只有加强企业用水管理，才能合理使用水资源，取得增产、节水的效果。工业企业要做到用水计划到位、节水目标到位、节水措施到位、管水制度到位。积极开展创建节水型企业活动，落实各项节水措施。

企业应建全用水管理制度，健全节水管理机构，进行节水宣传教育，实行分类计量用水并定期进行企业水平衡测试，按照《节水型企业评价导则》，对企业用水情况进行定期评价，并使其做相应改进。

三、工业节水措施

为贯彻科学发展观，深入落实节约资源的基本国策，加快建设资源节约型、环境友好型社会，国家发展改革委、水利部、建设部联合发布的《节水型社会建设“十一五”规划》中提出：到 2010 年，单位 GDP 用水量比 2005 年降低 20% 以上；单位工业增加值用水量低于 115 m^3，比 2005 年降低 30% 以上等一系列目标。通过实施该规划，可节水 690 亿 m^3，其中，农业节水 200 亿 m^3，工业节水 134 亿 m^3，城镇生活节水 18 亿 m^3。

在国家节水方针的指导下，通过近几年的努力，工业节水工作初见成效。在国民经济持续高速发展的情况下，工业用水总量得到了控制。用水效益迅速提高，万元 GDP 用水量（当年价）从 1980 年的 9 820 m^3 下降到 2000 年的 610 m^3，2002 年降至 537 m^3，2004 年降至 399 m^3。虽然工业节水取得了一定成绩，但是同经济发达、工业先进的国家相比，我国工业用水效率的总体水平还较低。1999 年，国内每万元工业增加值取水量约为 330 m^3，是日本的 18 倍、美国的 22 倍。企业之间单位产品取水量相差甚殊，一般相差几倍，有的达十几倍，个别的甚至超过 40 倍。

减少工业用水量不仅意味着可以减少排污量，而且还可以减少工业用新鲜水量。因此，发展节水型工业不仅可以节约水资源，缓解水资源短缺和经济发展的矛盾，同时，对于减少水污染和保护水环境也具有十分重要的意义。

（一）工业节水对策与措施

为加强对水资源的管理，近年来，我国制定了《工业节水管理办法》，规范企业用水行为，将工业节水纳入了法治化管理。编制了《全国节水规划纲要》、《我国节水技术政策大纲》等文件；颁布了火力发电、钢铁、石油、印染、造纸、啤酒、酒精、合成氨、味精等九个行业的取水定额；加大了以节水为重点的结构调整和技术改造力度。根据国内各地的水资源状况，按照以水定供、以供定需的原则，调整了产业结构和工业布局。缺水地区严格限制新上高取水工业项目，禁止引进高取水、高污染的工业项目，鼓励发展用水效率高的高新技术产业；围绕工业节水发展重点，在注重加快节水技术和节水设备、器具及污水处理设备的研究开发的同时，将重点节水技术研究开发项目列入了国家和地方重点创新计划和科技攻关计划，一些节水技术和新设备得到了利用。

随着我国加强对水资源的管理以及企业节水意识的提高，企业采取各种方法进行节水。工业节水措施主要可以分为三种类型：

1. 技术型工业节水措施

间接冷却水的循环使用，生产工艺水的回收利用，水的串联使用，水的多种使用，采用各种节水装置。

2. 工艺型工业节水措施

改变耗水型工艺，少用水或不用水，汽化冷却工艺，空气冷却工艺，逆流清洗工艺，干法洗涤工艺。

3. 管理型工业节水措施

完善用水计量系统，制订和实行用水定额制度，实行节水奖励、浪费惩罚制，制订合理水价，加强用水考核。

以上的工业节水措施可以从不同层次上控制工业用水量，形成一个严密的节水体系，达到节水并减污的目的。

（二）加强企业用水管理

加强企业用水管理是节水的一个重要环节。只有加强企业用水管理，才能促使企业合理使用水资源，取得既增产又节水的效果。工业企业要做到用水计划到位、节水目标到位、节水措施到位、管水制度到位。积极开展创建节水型企业活动，落实各项节水措施。

1. 建全用水管理制度

为了加强企业用水管理，必须建立必要的机构与用水管理制度，以便于考核及进行必要的奖惩。

2. 分类计量用水

企业的生产用水和生活用水要分类计量。总取水、非常规水资源水表计量率应为100%，主要单元水表计量率为90%，重点设备 / 重复利用水系统水表计量率为85%；控制点要实行在线监测，杜绝“跑冒滴漏”等浪费水的现象。

3. 定期进行企业水平衡测试

企业水平衡测试是开展计划用水、促进节约用水、合理调配区域水资源的一项重要的基础工作，是考核企业用水节水的重要措施。要按照《节水型企业评价导则》，对企业用水情况进行评价。

（三）通过改进工艺实现节约用水

生产过程所需的用水量是由生产工艺来决定的，因而通过生产工艺的改进来节约用水，减少排放和污染，才是根本措施。节水工艺包括改变生产原料、改变生产工艺和设备或用水方式，采用无水生产等三方面内容。此处所提到的“无水生产”是指在产品生产过程中，无须生产用水的生产方法、工艺或设备。无水生产是最节水的方式，是工业节水的一种理想状态。

节水工艺是比提高水重复利用率更高水平的节水途径。但发展节水工艺需要改变原生产工艺，涉及面较广。通常对老企业实行工艺节水技术改造往往不如提高水的重复利用率简便。但对新、改建的企业，采用工艺节水技术比单纯进行水的循环利用和回用更为方便与合理。因此工艺节水技术是更高层次的源头节水技术。以制浆造纸行业为例，目前正在推广的节水工艺有：纤维原料洗涤水循环使用工艺；低卡伯值蒸煮、漂前氧脱木素处理、封闭式洗筛；无氯漂白，中浓技术和过程智能化控制；发展提高碱回收黑液多效蒸发站二次蒸汽冷凝水回用率的工艺。发展机械浆、二次纤维浆的制浆水循环使用工艺系统；高效沉淀过滤设备白水回收等。

另一方面，在工业生产过程中，为了保证产品的质量，往往采用多次洗涤的办法，一般为正流洗涤和逆流洗涤两种办法。正流洗涤为每次洗涤采用新鲜水，洗后即排放。逆流洗涤为采用清水洗涤最后一次过程中的产品或零件的洗涤水不予排放，而是再次用来洗涤倒数第二次过程中的产品或零件，这样逆流洗涤 3~4 次后，再作排放处理，节水效果显而易见。

（四）使用循环水，提高工业用水的重复利用率

工业用水重复利用率是反映工业用水效率的重要指标。根据有关规定，2010 年，国内工业用水重复利用率达到 70%；间接冷却水循环利用率在 95% 以上。因而发展工业用水重复利用技术、提高工业用水重复利用率是当前工业节水的主要途径。

1. 发展重复用水系统，淘汰直流用水系统

发展水闭路循环工艺，分工序或区域，按不同工艺对水质的要求，采取不同的水处理技术，分系统形成用水逐级闭路循环。

2. 发展冷凝水回收再利用技术

冷凝水的回收再利用不但节水而且节能。统计表明，锅炉补水水温每提高 6 ℃，可节约燃料 1%。动力设备和间接利用蒸汽加热量约占蒸汽用量的 50% 以上，用汽点较集中，冷凝水可采用液面控制器集中回收、处理和利用。工艺冷凝液的回收、处理和利用较为复杂，应根据具体工艺采用特殊的技术。疏水器是蒸汽冷凝水回收的关键设备。疏水器的性能和回收系统的优劣直接影响节水效果。

3. 发展工业外排废（污）水回收再利用技术

目前最切实可行的是对外排污水进行适当深度处理，使其水质达到回用冷却水标准，并针对其水质特点开发水质稳定技术和相应的处理技术，使其用作敞开式循环冷却水系统的补充水。例如，铅酸蓄电池生产过程中产生含铅废水，铅酸蓄电池生产工段的中和用水和配酸用水对水质要求十分严格（电阻率$> 1\times10^{6}$ Ωcm），因此上述两个工段需采用纯水；其他工段用水是用于冷却和冲洗用途，对非铅金属离子含量要求较高，但对铅离子、COD、pH 等指标要求并不高。因此，含铅废水经过处理后，可作为冷却水和冲洗水使用。

（五）大力发展节水冷却技术

由于工艺上的要求和保护设备的目的，需要以水作为冷却剂进行降温。这种冷却水的用量是比较大的，除受热污染外，正常情况下水质较好，因此应通过各种手段予以回用。

第四节　农业用水

一、农业节水概述

我国是农业大国，2011 年，居住在乡村的人口为 6.74 亿，占总人口的 50.32%。农业灌溉面积 8.77 亿亩，占全国耕地面积的 48%。以农业经济为主的我国西北地区，农业用水占整个地区用水的比重更大，甘肃、宁夏和新疆等省区农业用水量占当地总用水量比例超过 75%。区域性缺水极大地限制了当地经济和工业的发展。从干旱分布情况来看，我国黄河以北地区的干旱面积较大。我国目前农业用水的有效利用率不到 50%，与发达国家的 70%~80% 的利用率相差甚远，农业节水灌溉对我国农业以及经济的发展具有深远意义。如果灌溉水利用率提高 10%~15%，灌溉水生产率也将会提高 10%~15%。

节水农业以水、土、作物资源综合开发利用为基础，以提高农业用水效率和效益为目标。衡量节水农业的标准是作物的产量及其品质、水的利用率及水分生产率。节水农业包括节水灌溉农业和旱地农业。节水灌溉农业综合运用工程技术、农业技术及管理技术，合理开发利用水资源，以提高农业用水效益。旱地农业指在降水偏少、灌溉条件差的地区所从事的农业生产。节水农业包含的内容：

1. 农学范畴的节水，如调整农业结构、作物结构，改进作物布局，改善耕作制度（调整熟制、发展间套作等），改进耕作技术（整地、覆盖等），培育耐旱品种，等等；

2. 农业管理范畴的节水，包括管理措施、管理体制与机构、水价与水费政策、配水的控制与调节、节水措施的推广应用等；

3. 灌溉范畴的节水，包括灌溉工程的节水措施和节水灌溉技术，如喷灌、滴灌等。

二、农业节水措施

农业节水措施包括以下几点。

1. 喷灌节水技术

喷灌是指水在压力作用下，通过装有喷头的管道喷射到空中，形成水滴洒到田间的灌水方法。这种灌溉方法能比传统的地面灌溉节水 30%~50%，增产 20%~30%，具有保土、保水、保肥、省工和提高土地利用率等优点。喷灌在使用过程中被不断改进，喷灌节水设备已从固定式发展到移动式，提高了喷灌的适应性。

2. 滴灌节水技术

滴灌是利用塑料管（滴灌管）将水通过直径约 10 mm 毛管上的孔口或滴头送到作物根部进行局部灌溉。滴灌几乎没有蒸发损失和深层渗漏，在各种地形和土壤条件下都可使用，最为省水。实验结果表明，滴灌比喷灌节水 33.3%，节电 41.3%，比畦灌节水 81.6%，节电 85.3%，与大水漫灌相比，一般可增产 20%~30%。

3. 微灌节水技术

微灌是介于喷灌、滴灌之间的一种节水灌溉技术，它比喷灌需要的水压力小，雾化程度高，喷洒均匀，需水量少。喷头也不像滴灌那样易堵塞，但出水量较少，适用于缺水地区蔬菜、果木和其他经济作物灌溉。

4. 渗灌节水技术：

渗灌是利用埋设在地下的管道，通过管道本身的透水性能或出水微孔，将水渗入土壤中，供作物根系吸收。这种灌溉技术适用的条件是地下水位较深，灌溉水质好，没有杂物，暗管的渗水压强应和土壤渗吸性相适应。压强过小则出水慢，不能满足作物需水要求，压强过大则增加深层渗漏，达不到节水的目的。常用砾石混凝土管、塑料管等作为渗水管，管壁有一定的孔隙面积，使水流通过并渗入土壤。渗灌比地面灌溉省水省地，但因造价高、易堵塞和不易检修等原因，所以发展较慢。

5. 渠道防渗

渠道防渗不仅可以提高流速，增加流量，防止渗漏，而且可以减少渠道维修管理费用。渠道防渗方法有两种：一种是通过压实改变渠床土壤渗透性能，增加土壤的密实度和不透水性；二是用防渗材料如混凝土、塑料薄膜、砌石、水泥、沥青等修筑防渗层。混凝土衬砌是较普遍采用的防渗方法，防渗防冲效果好，耐久性强，但造价高。塑料薄膜防渗效果好，造价也较低，但为防止老化和破损，需加覆盖层，在流速小的渠道中，加盖 30 cm 以上的保护土层；在流速大的渠道中，加混凝土保护。防渗渠道的断面有梯形、矩形和 U 形，其中 U 形混凝土槽过水流量大，占地少，抗冻效果好，所以应用较多。

6. 塑料管道节水技术

塑料管道有两种：一种是适用于地面输水的软塑管道，另一种是埋入地下的硬塑管道。地面管道输水有使用方便、铺设简单、可以随意搬动、不占耕地、用后易收藏等优点，最主要的是可避免沿途水量的蒸发渗漏和跑水。据实测，水的有效利用率可达 98%，比土渠输水节省 30%~36%。地下管道输水灌溉，它有技术性能好、使用寿命长、节水、节地、节电、增产、增效、输水方便等优点。塑料管材的广泛应用，可以有效节约水资源，为增产增收提供了可靠的保证。

我国目前灌溉面积不足总耕地面积的一半，灌溉水利用率低，不到 50%，而先进国家达到 70%~80%。我国 1 m^2 水粮食生产能力只有 1.2 kg 左右，而先进国家为 2 kg，以色列达 2.32 kg。全国节水灌溉工程面积占有效灌溉面积的 1/3，采用喷灌、滴灌等先进节水措施的灌溉面积仅占总灌溉面积的 4.6%，而有些发达国家占灌溉面积的 80% 以上，美国占 50%。国内防渗渠道工程仅占渠道总长的 20%。由此可以看出，我国农业节水技术水平还比较低，农业节水潜力很大。

三、农业节水灌溉发展探析

水资源紧缺是制约社会经济发展的关键性因素，节水将是我国不得不面对的长期的主题。它不仅关系到国家粮食安全、生态安全，而且关乎国家安全。农业是我国的用水大户，其用水量约占全社会总用水量的 70% 以上，但其平均利用率只有 40% 左右。通过发展节水灌溉，在减少灌溉用水量的前提下满足灌溉需要，同时把节约出来的水用于城市生活、工业生产和生态用水，以水资源的可持续利用促进经济社会的可持续发展。由此可见，发展农业节水灌溉对实现水资源高效利用，缓解我国水资源供需矛盾意义重大。节水灌溉是根据作物需水规律及当地供水条件，为了有效地利用降水和灌溉水，获取农业的最佳经济效益、社会效益、生态环境而采取的多种措施的总称。节水灌溉不仅包括灌溉过程中的节水措施，还包括与灌溉密切相关、提高农业用水效率的其他措施，如雨水蓄积、土壤保墒、井渠结合、渠系水优化调配、农业节水措施、用水管理措施等。

（一）我国节水灌溉现状分析

1. 我国节水灌溉发展现状概述

根据《我国水利年鉴 2003》的统计数据，截至 2002 年底，我国农业节水灌溉面积为 1 866.67 万 hm^2，占有效灌溉面积的 33.4%；其中喷灌和微灌面积 246.666 7 万 hm^2，占节水灌溉面积的 13.2%，占有效灌溉面积的 4.4%；低压管道输水灌溉面积 415.666 7 万 hm^2，占节水灌溉面积的 22.3%；其余为渠道防渗灌溉控制面积，占节水灌溉面积的 64.5%。我国有一半以上的耕地面积没有灌溉设施，属于“望天田”；2/3 的有效灌溉面积还在沿用传统落后的灌溉方法。在节水灌溉面积中，采用现代先进节水灌溉方式的微乎其微，绝大部分只是按低标准初步进行了节水改造，输水渠道的防渗衬砌率不到 30%。因此，我国的节水灌溉面积，尤其是高效节水灌溉面积，存在着巨大的发展空间和潜力。

从 20 世纪 50 年代末开始，我国就组织发展节水灌溉，开展了节水灌溉技术的研究与推广，到 60 年代和 70 年代初，在自流灌区推广渠道防渗减少输水渗漏损失，在田间，采取平整土地、划小畦块、推广短沟或细流沟灌的方式，建立健全用水组织，并实行计划用水；70 年代中到 80 年代初，在机电泵站和机井灌区进行节水节能技术改造；在丘陵山区、土壤透水性强、水源缺乏以及抗旱灌溉的北方地区和南方经济作物区推广喷灌和微灌等技术；80 年代中到 90 年代初，在北方井灌区大面积发展低压管道输水灌溉技术；从 90 年代开始，进一步将节水灌溉技术与农业技术和管理技术有机结合，形成综合节水技术。“九五”以来，国家加大了对节水灌溉的扶持力度。通过发展节水灌溉，改善了农业生产条件，提高了粮食综合生产能力；提高了灌溉水的利用率，缓解了水资源供需矛盾；促进了农业种植结构调整和农民收入的增加；提供了生态用水，改善了生态环境。

2. 我国节水灌溉技术措施现状分析

节水灌溉技术是比传统的灌溉技术明显节约用水和高效用水的灌水技术的总称。节水灌溉技术大致可分为节水灌溉工程技术和节水灌溉农艺技术。

我国目前采用较多的节水型灌水方法主要有喷灌和微灌、低压管道灌溉、节水型地面灌溉三种。喷灌适宜于各种作物，不要求地面平整，可用于地形复杂、土壤透水性大等进行地面灌溉有困难的地方。喷灌要求有一定的机械设备和动力，投资较大，技术也较复杂。喷灌节水的基本原理是管道输水无输水损失。田间灌水均匀度高，喷灌强度小于土壤渗吸速度，无地面径流，喷灌水除漂移和蒸发损失外，全部转换为土壤水。喷灌比地面灌溉可省水 30%~50%。微灌可根据作物情况进行全部或局部湿润灌溉，局部灌溉只能湿润作物附近的一部分土壤，它比喷灌更省水。比喷灌投资还要大得多。喷灌、微灌投资大，效益高。主要适应于经济发达地区和干旱缺水地区的经济作物、蔬菜、果树等。低压管道灌溉技术，近几年来在我国北方特别是井灌区有较多发展。据统计，仅河北、山东等省近几年就发展的低压管道灌溉面积达 113.33 万 hm^2。这种灌溉具有节水、节能、省地、省工等优点。有些省的井灌区用低压软管输水配水进行灌溉，俗称“小白龙”灌溉，可使水的利用率达 97% 以上，单井灌溉面积扩大近一倍，可比土渠灌溉节电 41.3%。地面灌溉，如沟灌、畦灌等，至今仍是我国广泛使用的灌水方法。传统的地面灌溉定额大、渗漏多，比其他方法费水。但是改进后，可节省很多水量。例如，平整土地、长畦改短畦、大畦改小畦、控制入畦流量和改水成数以及利用地膜输水（即膜上灌）等，均有显著的节水效果。目前，我国的节水灌溉技术在总体上已达到 20 世纪 90 年代中期的国际先进水平。已形成了包括规划、设计、施工和运行管理在内的成套节水灌溉技术体系，并得到了较好的推广应用。

（二）我国节水灌溉存在的主要问题分析

这里介绍了我国节水灌溉存在的主要问题、成因及其发展对策。

1. 存在的主要问题

（1）灌溉系统技术设备落后，不适应农业结构调整和高效农业发展的要求；节水灌溉技术基础研究落后，科技成果转化困难；灌溉水的有效利用率和产出率低。目前，灌溉水的利用率仅为 0.45 左右，远低于发达国家 0.7~0.8 的水平，喷、微灌面积仅占有效灌溉面积的 5%，农业用水产出效率是发达国家的 50%。

（2）用于节水灌溉的投入严重不足，节水灌溉发展缓慢。建设节水灌溉工程每公顷平均综合造价约需 0.6 万元左右，由于农业比较效益低，农民的投入能力在 10% 以下，国家和地方补助的投入也不足 20%，按目前投入水平，我国 400 多个大型灌区，全部完成续建配套节水改造要在 2025 年以后。

（3）政策不健全，推广节水灌溉的政策、法规不健全，服务保障体系不完善。管理与体制落后，“重建轻管”现象严重。

2. 制约节水灌溉发展的原因分析

一是国家对节水灌溉发展过程中的某些环节的支持力度不够。政府和有关部门重视开源和新建灌区工程的建设，忽视了末级渠系和田间配套设施的投入。对节水灌溉设备企业缺少政策和资金支持。二是工程与农艺技术不配套。长期以来，我国农业节水存在重工程措施轻农艺措施的倾向，忽视农艺等技术在节水中的地位与作用。许多经济成本较低、水资源利用率高、农民容易接受的节水技术因缺乏重视而无法发挥其应有的作用。三是水管理体制和政策不完善，缺乏节约用水激励机制。目前，我国的灌区没有经营管理自主权，灌区的收入来源主要依靠收取水费。一些灌区为了自身的利益，甚至鼓励用户多用水；有的灌区节约了水，但被无偿地调给了其他部门，无利可图。许多灌区按灌溉面积收取水费，农民节约用水，却不能在经济上得到补偿，因此，会认为购买节水灌溉设备是白花钱。农民是节水灌溉的主体与技术实施者，如果缺乏农民的积极、主动参与，节水灌溉将是一句空话。此外，节水灌溉一定要与高产高效、农民增收结合起来，否则，农民很难主动采用节水灌溉技术。

（三）促进我国农业节水灌溉发展的对策

1. 积极探索多渠道融资，加大对农业节水灌溉的投资力度。要充分发挥政府宏观调控职能，建立起以国家投入为龙头，以农民投入为主体，以社会投入为补充的投入机制，拓宽投资融资渠道，积极探索在市场经济条件下，农村水利资金高效利用、滚动使用的合理方式，开辟股份制、股份合作制、合资、独资等各种资金渠道，实行“多元化”融资，改变过去灌溉工程建设和维护过分依赖政府的局面。在农用资金中增加节水灌溉投资的比重，国家节水灌溉贷款贴息应进一步优惠；确立节水投入的专项资金。

2. 重视节水技术研究，加快科技成果转化。我国现有的节水技术大都是 20 世纪 80 年代以后从国外引进，后经过不断地探索，形成了适合我国国情的技术体系。但同世界先进水平相比，仍存在一些问题。我国应加强对“水资源的合理开发利用技术、节水工程技术与措施、节水农业技术、节水管理技术”综合技术体系，的研究，有效运用这一技术体系，因地制宜地节水。

3. 建立健全节水的相关政策、制度。适时、及时总结节水灌溉实践经验，创新节水灌溉管理模式，探索适宜的节水灌溉工程管理体制和运营机制，理顺好政府、灌溉管理单位和农民的责、权、利的关系，重点突出农民的利益，以促进节水灌溉的快速发展。制订和落实贴息贷款、低息贷款、延长还贷时间等鼓励发展节水灌溉的各项优惠政策，从政策上对农业节水实行倾斜，才能调动广大农民的积极性，增加他们对节水灌溉的配合程度，真正使农民买得起、用得上，从而提高我国的粮食产量。

4. 建立节水灌溉发展长效机制。在国家或地方法律法规的认可与支撑下，以节水灌溉工程项目的来源为基础，以项目的规划设计系统为关键，以项目的投入系统为核心，以项目的实施系统为根本，以项目的运行管理系统为目标，以项目的后评估系统和其监督系统为保障，六个部分之间相互作用、相互制约、相互依赖，据此，共同完成节水灌溉发展的任务，这就是节水灌溉发展的长效机制。社会主义新农村建设对农田水利工程建设提出了新的、更高的要求，实践经验证明，加强节水灌溉建设是促进农民增收、农业增效、农村发展的必然选择，只有农民的积极参与，农业节水灌溉才能得到健康发展。

四、举例灌溉现状与发展对策

某市历来都十分重视发展节水灌溉，曾投入大量资金，发展节水灌溉的面积。近几年来，围绕大中型灌区节水改造项目、农业综合开发水利骨干项目、节水增效示范项目建设等，建成了多个不同规模的以节水灌溉技术为支撑的示范园，初步形成了从输水道灌水，从工程到管理，从微观到宏观的立体化、多样化、系统化农业节水格局。

积极引进和消化吸收高新技术，引进推广使用了国外以及国内知名公司或厂家的几十种节水灌溉设备。结合水利产权制度的改革，对建立适合市场经济要求和农村特点的“多元化”运行管理机制做了尝试，有力地促进了管理水平的提高。积极争取中央贴息贷款和国家对重点项目的扶持，制定和完善了一系列相应的扶持政策。对财政扶持的节水灌溉项目实行公开招标，加大了项目实施力度，提高了资金使用效益。同时，还制定了一系列鼓励政策，按照“谁投资，谁所有，谁管理，谁受益”的原则，鼓励农民积极发展节水灌溉。

（一）面临的形势与存在问题

1. 面临的形势

水资源严重不足，工农业生产、生活和生态“三生”争水现象较为突出。工业用水和生活用水在总用水量中所占比例虽然不高，但其对用水保证率要求高，越是干旱年份或干旱季节，工业用水和生活用水挤占农业灌溉用水的现象越突出，而且随着经济发展和社会进步，工业用水、生活用水和生态用水将大幅度增加。可供农业灌溉的用水量越来越少。目前的状况是一方面水资源明显不足，另一方面，农业灌溉中仍存在着严重的浪费水现象，水的利用效率不高。随着国家对农村税费改革的进一步深化，村内所需劳务实行一事一议，节水灌溉工程资金面临地方筹集和匹配困难难度增大，且不能向农户指令性摊牌的新形势，发展节水灌溉若仍沿用过去的工作方式，工作习惯则难有成效。

2. 存在的突出问题

一是节水灌溉新技术、新设备推广力度小，喷、滴灌等高效节水灌溉技术目前也仅局限用于经济作物，只是作为示范工程，有待于在更大范围和更大规模推广。二是灌区和节水灌溉工程都存在不同程度的产权关系不明，管理职责不清，政事企不分，监督激励机制缺乏，管理粗放、调度不灵活等问题。三是受经济利益影响，水资源相对充足地方的农民对搞节水灌溉积极性不高。四是资金投入不够，已建灌溉工程维护资金不足、老化失修，灌溉面积及灌溉效益逐年衰减和降低，新建节水灌溉工程建设资金短缺，特别是配套资金往往不到位，达不到应有的发展规模。五是有些地方在推广先进节水技术过程中不能够因地制宜地制订规划，可行性论证不够，存在针对性差的问题，致使有些节水工程不能正常发挥效益。六是节水灌溉工程设备质量参差不齐，设备不配套，标准化、系列化程度差，维修服务跟不上。很多工程设备因质量问题或维护维修不及时等原因，导致工程使用寿命短、损坏率高等，影响了节水灌溉技术的推广。

（二）加快发展节水灌溉的措施

1. 改革现行管理体制和运行机制对小型灌溉工程采取承包、租赁、拍卖及股份合作等形式，加大灌区用水者协会、农村供水协会、农民合作社等各种群众组织参与灌溉工程管理经验的总结推广和规范力度。供水单位可采取多种组织形式，按照《公司法》组建有限责任公司和股份公司；事业单位实施企业化管理。改革运行机制，以充分调动与激发用水户参与管理的积极性。

2. 全面推行农业节水奖惩机制，认真执行上级农业灌溉用水定额标准，对灌溉超定额用水，要加价收费。对节水灌溉工程，要根据其节水效果并结合当地经济发展水平给予补偿，要使农民对节水灌溉的投资获得不低于社会平均投资利润，利用经济杠杆推动节水灌溉发展。

3. 多渠道融资，加大投资力度，改革灌溉工程建设和维护的投资体制，积极探索在市场经济条件下，农村水利资金高效利用、滚动使用的合理方式，开辟股份制、股份合作制、合资、独资等各种资金渠道，实行“多元化”融资，改变过去灌溉工程建设和维护过分依赖政府的局面。

4. 进一步搞好节水灌溉规划，搞好中低产田节水灌溉，选择适当的节水灌溉技术，因地制宜地制定发展规划，切忌盲目引进，盲目搞不适合当地推广的“样板工程”。中低产田改造已列为今后农业的主攻方向，向中低产田要效益，扩大节水灌溉面积。盐碱地要搞好以水冲盐、以水压碱和土壤改良，研究制定适宜的冲洗定额和节水技术措施。

第五章　水资源制度体系与管理规范化建设

第一节　最严格水资源管理本质要求及体系框架

一、最严格水资源的目的和基本内涵

现有的水资源管理制度存在法制不够健全，基础薄弱，管理较为粗放，措施落实不够严格，投入机制、激励机制及参与机制不够健全等问题，已经不能适应当前严峻的水资源形势。为应对严峻的水资源形势，我国正着力推进实施最严格水资源管理制度，其核心就是要划定水资源开发利用总量控制、用水效率控制和水功能区限制纳污控制三条红线。最严格水资源管理制度是我国在水资源管理领域的一次理念革命，是对水资源开发利用规律认识的集中体现，也是对传统水资源管理工作的总结升华。实行最严格水资源管理制度是保障经济社会可持续发展的重大举措，根本目的是全面提升我国水资源管理能力和水平，提高水资源利用效率和效益，以水资源的可持续利用保障经济社会的可持续发展。

最严格水资源管理制度提出的三条红线，其基本内涵主要有以下几点。

1. 建立水资源开发利用控制红线，严格实行用水总量控制

制定重要江河流域水量分配方案，建立流域和省、市、县三级行政区域的取用水总量控制指标体系，明确各流域、各区域地下水开采总量控制指标。严格规划管理和水资源论证，严格实施取水许可和水资源有偿使用制度，强化水资源的统一调度，等等。开发利用控制红线指标主要是用水总量。

2. 建立用水效率控制红线，坚决遏制用水浪费

制定区域行业和用水产品的用水效率指标体系，改变粗放用水模式，加快推进节水型社会建设。建立国家水权制度，推进水价改革，建立健全有利于节约用水的体制和机制。强化节水监督管理，严格控制高耗水项目建设，全面实行节水项目，实施“三同时”管理，加快推进节水技术改造等。用水效率控制红线指标主要有万元工业增加值和农业灌溉水有效利用系数。

3. 建立水功能区限制纳污红线，严格控制入河排污总量

基于水体纳污能力，提出入河湖限制排污总量，作为水污染防治和污染减排工作的依

据。建立水功能区达标指标体系，严格水功能区监督管理，完善水功能区监测预警监督管理制度，加强饮用水水源保护，推进水生态系统的保护与修复等。水功能区限制纳污红线指标主要指江河湖泊水功能区达标率。

二、最严格水资源管理制度的特点

最严格水资源管理制度体现出的显著特征主要有以下几个方面。

1. 强化需水管理是最严格水资源管理制度的根本要求

最严格水资源管理制度是供水管理向需水管理转变的产物，强化需水管理是其区别于传统水资源管理的主要特征。在传统的经济发展与资源利用方式下，水资源、水环境对经济社会发展的约束性日益提高。人类社会发展历史说明，随着人类文明程度的提高，环境保护意识的增强，产业结构的转型升级以及循环经济的发展，工业化中后期之后，经济发展必然带来用水量的膨胀。钱正英院士指出了我国传统水资源管理工作中的“七个误区”，认为实施严格的需水管理是解决我国“水少、水脏”问题的根本出路。国家提出建立最严格水资源管理制度，正是为了顺应经济社会发展规律，适时强化需水管理，使水资源更好地支撑经济社会发展，保护水环境安全。

2. 优化顶层设计是最严格水资源管理制度的显著特征

实现水资源高效利用的核心是水资源使用者建立合理的预期成本收益结构，而这取决于水资源利用、保护、节约、管理的制度环境。制度环境包括三个层次：一是文化和社会心理（文化层面）；二是具体制度安排（制度层面）；三是组织结构（体制层面）。文化和社会心理具有强大的惯性，难以在短期内改变；水资源管理体制一旦形成，也难以迅速转变。水资源管理具体制度是制度环境建设中最能动的部分，对提高水资源管理水平具有显著的效果。管理制度的革新也有助于凝聚管理体制改革的目标，促进管理体制的进步；同时，管理水平的提高也能逐步改变社会对水资源的不合理认识，促使社会内在约束系统的形成。最严格水资源管理制度是对传统水资源管理制度的一次整合、完善、充实，强调水资源管理制度的系统性、普适性和实效性，与传统制度单一化、破碎化、局域化的特点有着本质的差别。

3. 管理手段进步是贯彻最严格水资源管理制度的微观基础

管理手段的先进与否，在水资源管理中扮演重要的作用。首先，管理手段的进步有助于减少传统管理中人力物力的大量投入，降低政府管理水资源的成本；其次，管理手段的进步能大大提高水资源管理的效率，从而为水资源管理范围的扩展创造条件；再次，管理手段的进步有助于推动管理理念和管理制度的革新，进而为管理的深化打下基础。如取水计量手段的进步能改变传统计量中人员的大量投入，提高用水管理的准确性和效率，同时也会推动“精细管理”理念的形成，进而为取用水管理制度的创新提供新平台。最严格水资源管理制度要求监管的广度和深度都大大提高，必然要以管理手段的进步为基础，先进可靠的管理手段是制度实施的微观基础。

4. 科学监测评估体系是最严格水资源管理制度的基本保障

建立严格的目标责任制，通过监督考核的形式把水资源工作纳入政府重要议事日程，是最严格水资源管理制度贯彻实施的重要抓手。而监测评估体系是监督考核的科学基础，需要参照国家规定的指标体系，形成一整套监测评估规范体系，包括监测体系的总体架构、监测点位的选择、监测评估的方式方法，从而保证监测评估能及时反映制度实施的成果，保障考核结果的公正性和权威性。

三、最严格水资源管理制度的内容框架

最严格水资源管理制度下的水资源管理规范化建设的内容主要包括水资源的机构建设、水资源配置管理、水资源节约管理、水资源保护管理、城乡水务管理、水资源费征收与使用管理、支撑能力建设及保障机制建设等方面。

第二节　水资源管理规范化的制度体系建设

最严格水资源管理制度的实施的重要前提是水资源管理部门建立一套规范标准的管理体系，而该管理体系的核心任务是制度和工作流程的标准化建设。在前面对行业外资源管理部门的管理规范化建设经验总结的基础上，本节将对水资源管理制度框架的梳理进行具体阐述。

一、水资源管理制度框架

近年来，国家层面相继颁布或修订了《水法》《取水许可和水资源费征收管理条例》《黄河水量调度条例》《水文条例》等法律法规，并相继出台了《水资源费征收使用管理办法》《取水许可管理办法》《水量分配暂行办法》《入河排污口监督管理办法》《建设项目水资源论证管理办法》等规章制度，已经初步形成了水资源管理制度的基本框架。但现有的水资源管理制度法规还不够健全，需进一步完善。此外，地方性的配套法规政策相对较为欠缺，为了更好地落实最严格水资源管理制度，还需要对现有水资源管理工作制度及其主要关系进行梳理，形成更为清晰的工作体系。

在借鉴水资源与国土资源制度设计与管理工作经验的基础上，对水资源管理主要制度体系框架总结提炼。

借鉴了水环境和国土资源部门的管理制度框架。水资源管理制度框架总体上可以概括为：以取水许可总量控制为主要落脚点的资源宏观管理体系，以取水许可为龙头的资源微观管理体系，以完善的监管手段为基础的日常监督管理体系。

其中，建立以总量控制为核心的基本制度架构，要以区域（流域）水量分配工作为龙头，按照最严格水资源管理制度的要求，对现有水资源规划体系进行整合，提出区域（流域）取水许可总量的阶段控制目标，并通过下达年度取水许可指标的方式予以落实。同时，根据年度水资源特点，在取水许可总量管理的基础上，下达区域年度用水总量控制要求。

在上级下达的取水许可指标限额内，基层水资源行政主管部门组织开展取水许可制度的实施。目前，取水许可制度的对象包含自备水源取水户与公共制水企业两大类。

自备水源取水户具有“取用一体”的特征，现有的制度框架能够满足强化需水管理的要求，但需要进一步深化具体工作。首先，要深化建设项目水资源论证工作，进一步强化对用水合理性的论证，科学界定用水规模，明确提出用水工艺与关键用水设备的技术要求，同时，明确计量设施与内部用水管理要求。其次，要进一步细化取水许可内容，尤其要把与取用水有关的内容纳入取水许可证中，以便后续监督管理。再次，建设项目完成后，要组织开展取用水设施验收工作，保障许可规定内容得到全面落实，同时也保障新建项目计量与节水“三同时”要求的落实。

最后，以取水户取水许可证为基础，根据上级下达的区域年度用水总量控制要求，结合取水户的实际用水情况，分别下达取水户年度用水计划，作为年度用水控制标准，同时也作为超计划累计水资源费制度实施的依据。

公共制水企业具有“取用分离”的特征，而现有制度框架只能对直接从江河湖泊（库）取水的项目进行管理。公共制水企业覆盖一个区域而非终端用水户，其水资源论证工作只能对用水效率进行简单的分析，对取水量进行管理，而无法对管网终端用水户的用水效率进行有效监管。

在水资源管理制度体系中，节水工程管理队伍、信息系统及经费保证作为基础保障工作，也需要建立相应的建设标准和规章制度。

二、制度体系规范化建设内容

在明确水资源管理基本制度框架的基础上，为了确保国家确立的水资源管理制度要求得到有效落实，各级水资源管理部门需要积极推动出台相应的规章制度。根据我国水资源“两层”“五级”管理的工作格局与各个层级所承担的职责，提出了制度体系规范化建设工作内容。

1. 五级水资源管理机构职责及制度规范化建设侧重点

（1）水利部工作职责主要是解决水资源管理工作中遇到的全国共性问题。根据水资源管理形势发展需要，对水资源管理部门、社会各主体及有关部门的工作职责与法律责任进行重新界定的制度建设内容，水利部应积极做好前期工作与法规建设建议，以完善现有的水资源管理法规体系，也为地方出台下位法与配套规章制度提供条件。同时，水利部还要做好各级水资源管理机构工作职责与管理权限的划分、各层级之间的基本工作制度、宏观水资源管控等方面的配套规章制度建设工作。

（2）流域管理机构工作职责主要包括承担流域宏观资源配置规则制订与监督管理、省级交界断面水质水量的监督管理、代部行使的水利部具体工作职责。因此，流域机构制度体系规范化建设工作的重点是加强流域宏观水资源管理与省际交界地区水资源水质管理方面的配套规定与操作规范。代部行使的工作职责需要由水利部来制定有关的配套规定，流域层面仅能出台具体工作流程规定。

（3）省级层面职责主要是根据中央总体工作要求，根据地方水资源特点解决全省层面的水资源管理问题。由于水资源所具有的区域差异特点，省级相关法规建设任务较重，省级水资源管理部门要积极做好有关配套立法的前期工作。省级管理机构还要做好宏观水资源管控，以及重要共性工作的规范、指导、促进，对下监督管理考核等方面的配套规章制度建设工作。省级机构还要开展部分重点监管对象的直管工作，需要制定相关配套规定。总体来看，省级机构以宏观管理为主，微观管理为辅。

（4）市级层面职责包括对市域范围内水资源的宏观配置，以及保护规则的制定与监督管理，同时，在直管地域范围内行使水资源一线监督管理职能，宏观管理与微观管理并重。因此，做好制度体系规范化建设工作，既要出台上级相关法律法规的配套规定，又要出台本区域宏观资源监督管理的有关规定，还要出台一线监督管理的工作规范。

（5）县级层面职责是承担水资源管理与保护的一线监督管理职能，是水资源管理体系中主要实施直接管理的机构。因此，搞好制度体系规范化建设，既要对所有水资源一线管理职能制定相应的工作规范规程，也对重要水资源法律法规出台相应的配套实施规定。

2. 当前各级应配套出台的规定规范

（1）关于实施最严格水资源管理制度的配套文件。实施最严格水资源管理制度已上升为我国水资源管理工作的基本立场，是各级政府与水资源管理机构开展水资源管理工作的基本要求。因此，各级党委或政府要根据中央一号文件要求，专门出台配套实施意见，作为本地开展水资源管理工作的基本依据。

（2）《水法》与《取水许可与水资源论证条例》的配套规定。它们是确立我国水资源管理制度框架的基本大法，是各地开展水资源管理工作的基本法律依据。因此，各级水资源管理机构应推动地方出台相应的配套规定。省级应出台的配套规定包括：《水法实施办法》或《水资源管理条例》《水资源费征收管理办法》《水资源费征收标准》；市县应出台《水法》及《取水许可与水资源论证条例》的实施意见。

（3）间接管理需要出台的规定规范。间接管理是水资源管理工作的重要组成部分，是促进直接管理工作的重要抓手，主要由流域、省、市的相关部门承担。我国市级管理机构的工作职责和权限地区差异很大，而且相应的制度建设内容也不够完善，因此，仅需要对流域和省出台的配套规定予以规范。流域和省均需出台的配套规定包括：《取水许可权限规定》《取水户日常监督管理办法》《省界（市界、县界）交接断面水质控制目标及监督管理办法》《水功能区监督管理办法》《入河排污口监督管理办法》。省级相关部门需要出台的配套规定包括:《节约用水管理办法》《取水户计划用水管理办法》《取水工程或设施验收管理规定》《水功能区划》。

（4）直接管理需要出台的规定规范。直接管理是水资源管理的核心工作内容，其管理到位程度直接决定了水资源管理各项制度的落实情况，也直接关系到水资源管理工作的社会地位。水资源直接管理工作主要由县级管理机构承担，地市承担部分相对重要管理对象与直接管辖范围内管理对象的直接管理职责，流域和省级相关部门承担部分重要管理对象的部分管理职责。流域、省、市、县级相关部门均需出台的规定:《取水许可证审批发放工作规程》《取水计量设施监督检查工作规定》《计划用水核定工作规》《入河排污口审核工作规定》《日常统计工作制度》。由于上述规定规范具有基础性，是做好水资源管理工作的基本保障，因此，应作为各级水资源管理规范化建设验收评价的必备内容。

3. 下一步应出台的规章制度

（1）非江河湖泊直接取水户的监督管理规定。随着产业分工深化以及城市化与园区化的推进，水资源利用方式上“集中取水，取用分离”的特点愈发明显，自备水源取水户的数量逐年下降。目前，建设项目水资源论证与取水许可管理制度无法覆盖这一类企业的取用水监督管理，也与最严格水资源管理制度要求突出需水管理的要求不相匹配。目前，规范这一类取用水户的制度的建设方向是从完善水资源论证制度与建立节水“三同时”制度两个层面推进。一方面，可以通过修订现有的建设项目水资源论证制度与取水许可制度，将其适用范围从“直接从江河、湖泊或者地下取用水资源的单位和个人”改为“直接或间接取用水资源的单位和个人”；另一方面，也可以制定节约用水“三同时”制度管理规定，要求间接取用一定规模以上水资源的单位和个人要编制用水合理性论证报告，并按照水资源管理部门批复的取用水要求来开展取用水活动，并作为后期监督管理的依据。建议水利部应抓紧从这两个方面来推动此项工作，如果突破，就可实现取用水全口径的监督管理。地方水资源管理机构也应根据自身条件开展相关制度建设工作。

（2）非常规水资源利用的配套规定。国家法律明确鼓励在可行条件下利用非常规水资源，节约保护水资源。各地的实践也表明，合理利用非常规水资源能大大提高水资源的保障程度，节约优质水源的利用，实现分质用水。目前，水资源管理部门在这一方面缺乏明确的政策引导措施与强制推动措施，应尽快组织开展有关工作。规定要确立系统化推进非常规水资源利用的基本制度设计，根据现实情况采取“区域配额制与项目配额制”是可行的方向。建议在做好前期调研的基础上，将资源紧缺及非常规资源利用条件较好的地区作为试点，先实行此项制度设计，为全面推行打好基础。地方水资源管理机构可先行推动出台有关引导、鼓励与促进政策。

（3）取水许可权限与登记工作规定。取水许可是水资源宏观管理与微观管理的主要落脚点与基本依据，是水资源利用权益的证明，具有很强的严肃性，也是水资源管理工作的重要基础资料，因此，其规范开展与信息的统一在水资源管理工作中具有基础性的地位。水利部要在现有工作的基础上根据审批与监管的现实可行性，对流域与省间的取水许可与后期监督管理权限及责任予以进一步细化规定。从长远来看，水利部要统一出台规定，建立取水许可证登记工作制度，以解决目前取水许可总量不清、数据冲突、审批基础不实、监督管理薄弱等方面的问题，并将登记工作嵌入各级管理机构取水许可证的审批发放工作过程中，从而解决上下信息不对称的问题，近期可先选取省为单元进行试点。

（4）总量控制管理规定。要尽快研究制定总量控制管理规定，主要明确总量控制的内容（是取水许可总量、年度实际取水量或是双控）和范围（纳入总量控制的行业范围），控制监督管理的基本工作制度（如台账、抽查等），各级管理部门落实总量控制的主要制度保障与工作形式，其他政府部门承担有关责任，不同期限内突破总量的控制与惩罚措施（如区域限批、审批权上收、工作约谈、重点督导等）。在国家规定的基础上，流域、省、市应逐级进行考核指标分解，并出台相应的考核规定。

水资源管理工作需要进一步落实的工作内容，需要从中央层面予以推动，省级层面积极突破。在中央没有出台有关规定之前，地方可以明确探索内容，但不宜作为硬性验收要求。因此，有关制度建设内容可以作为各级水资源规范化建设工作的加分内容，并根据形势发展动态调整。

第三节　水资源管理的主要制度

一、取水许可制度

取水许可制度是水资源管理的基本制度之一。法律依据是水资源属于国家所有，体现的是水资源供给管理思想，目的是避免无序取水导致供给失衡。取水许可制度是为了促使人们在开发和利用水资源过程中，共同遵循有计划地开发利用水资源、节约用水、保护水环境等原则。此外，实行取水许可制度，也可对随意进入水资源地的行为加以制约，同时也可对不利于资源环境保护的取水和用水行为加以监控和管理。取水许可制度的主要内容应包括：1. 对有计划地开发和利用水资源的控制和管理；2. 对促进节约用水的规范和管理；3. 对取水和节约用水规范执行状况的监督和审查；4. 规范和统一水资源数据信息的统计、收集、交流和传播；5. 对取水和用水行为的奖惩体系。

取水许可制度的功能发挥，关键在于取水许可制度的科学设置，取水许可的申请、审批、检查、奖惩等程序的规范实施。

取水许可属于行政许可的一种，其目的是维护有限水资源的有序利用，许可的相对物是取水行为，包括取水规模、方式等，属于取水权的许可，而不是取水量的许可。取水权的基本含义应为在正常的自然、社会经济条件下，取水户以某种方式获取一定水资源量的权利。它包含以下几层含义：1. 取水权的完全实现是以自然、社会经济条件在正常情况下为前提的，在特殊情况下，政府有权力为了保障公众利益和整体利益启动调控措施，对取水权进行临时限制；2. 取水权所包含的取水量是正常条件下取水户取水规模的上限；3. 取水权不仅仅是量的概念，还包含了取水方式、取水地点等取水行为特征；4. 政府依法启动调控措施时，须采取措施降低对取水户的影响，如提前进行预警、适当进行补偿等。

国内外水资源开发利用实践充分证明：提高水资源优化配置水平和效率，是提高水资源承受能力的根本途径；实施和完善取水许可制度，是提高水资源承载能力的一项基本措施。实施取水许可制度，在理论和实践上，应首先考虑自然水权和社会水权的分配问题，也就是社会水权的总量、分布与调整问题。完善取水许可制度，实质上就是加强取水权总量管理，提高水资源承载能力和优化配置效率；加强宏观用水指标总量控制和微观用水指标定额管理，促进计划用水、节约用水和水资源保护；建立水资源宏观总量控制指标体系和水资源微观定额管理指标体系，提高水资源开发利用效率。

取水许可制度，这是大部分国家都采用的一种制度安排。从各国的法律规定来看，用水实行较为严格的登记许可制度，除法律规定以外的各种用水活动都必须登记，并按许可证规定的方式用水。取水许可制度除了规定用水范围、方式、条件外，还规定了许可证申请、审批、发放的法定程序。

1949 年，新中国成立以后，我国曾长期实行计划经济，通过计划调配手段配置资源。对自然资源的所有权做过明确，但对水资源开发利用和管理中的权利义务及管理制度缺乏具体规范。进入 20 世纪 80 年代，由于经济社会的发展，用水量增加，特别是北方地区水资源供需矛盾日趋严重，为适应要求，各地各级政府开始探索建立包括水资源调查评价、取水管理等加强水资源管理的制度，为制定水法律奠定了基础。

1988 年，《中华人民共和国水法》颁布实施。在总结水资源开发利用和管理的经验教训的基础上，《水法》设立了一系列水资源管理制度。《水法》规定了取水许可和征收水资源费的制度。1993 年，我国又颁布了《取水许可制度实施办法》，对通过取水许可获得的权利和义务，获取程序和监督管理等都做了规定，使我国的取水开始走上法治化的道路。

在取水许可方面，我国在《水法》中规定，除家庭生活和零星散养、圈养畜禽等少量取水外，直接从江河、湖泊或者地下取用水资源的单位和个人，应当按照国家取水许可制度和水资源有偿使用制度的规定，向水行政主管部门或者流域管理机构申请领取取水许可证，并缴纳水资源费，取得取水权。实施取水许可制度和征收管理水资源费的具体办法，由国务院规定，国务院水行政主管部门负责全国取水许可制度和水资源有偿使用制度的具体实施。用水应当计量，并按照批准的用水计划用水。用水实行计量收费和超定额累进加价制度。

二、建设项目水资源论证制度

建设项目水资源论证制度，是《水法》规定的一项重要制度，是贯彻党中央新时期治水方针、落实水利部治水新思路的具体体现也是统筹协调区域生活、生产和生态用水，优化区域水资源配置的重要措施。

1. 项目成立的基础与前提

建设项目必须符合行业规划与计划；符合国家有关法规与政策（要对节水政策宏观调控政策以及环境保护方面的政策加以特别关注）；重大建设项目必须得到有权批准部门的认可。

2. 项目取水本身的合理性

这是传统的审查内容，主要是把握水源的供给能力，一般水利部门审查这一方面内容没有问题，有明确的规范与标准。但现在最大的问题是：规划与实际脱节，如许多水库灌区实际上已经不再依靠水库灌溉，但水利部门往往没有及时地对水库功能进行调整，导致从功能上审查，水库已经无水可供，但实际上水库的水大量闲置；另外，建设项目提出的保证率往往高于实际需要，如城市供水，按规范要求，大城市保证率要大于95%，但实际供水时，保证率要求没这么高，而真正不可或缺的生活饮用水只占城市供水的极小部分；某些地方实际上已经盖起了房子，但从管理部门的图纸上看，仍然是农田。论证单位对自己的地位把握存在问题，常常通过“技术处理”解决这些问题，这是我们审查要注意的。

建议审查时仍然按照正式的书面依据进行把握，否则容易造成被动的局面。

3. 项目用水的合理性

这是目前审查中较为薄弱的一块。水资源论证制度的本意，是通过这一制度，强化水行政主管部门对用水进行管理，它的内涵十分丰富，但基本上被忽略了。根据它的要求，审查应当审查到具体工艺、设备和流程，但实际操作中，基本没有涉及，因此，这是需要加强的一个大类。

几种用水方式：冷却方式的选择（直流与循环冷却）、换热器效率（换热系数）、冷却塔损耗；洗涤方式：顺流洗涤与逆流洗涤、串联洗涤与并联洗涤、多级洗涤与一次洗涤；水的串用、回用；设备选型；工艺选型（是否可以采用无水或少水工艺，考虑其经济成本）。

一般来说，比较的方式有同等工艺比较、定额比较、总量比较等方法，比较深入的有对用水每个环节进行用水审查（这已到达用水审计的深度，目前还没有能力使用）。

4. 退水的合理性

这主要应当根据水功能区和河道纳污总量进行审查，相对比较简单。对于可以纳入污水管网的，一般要求纳入污水管网。

审查时对照有关政策与法规，并对照有关技术规范与标准。

5. 其他

在审查中要特别注意的是：

（1）要实事求是，坚决反对所谓的“技术处理”。

（2）严格按照规范操作，对于取水水量或保证率达不到要求的，要按照实际情况写明，这是对项目或业主真正的负责。

（3）不要盲目地套用建设项目的行业标准，因为建设项目是否符合其行业标准，是业主要思考或解决的问题；而对审查方来说，主要是要明确其取水的合理性以及其取水是否影响其他合法取水者的权益，所以，不能盲目套用其他行业的规范，甚至搞“技术处理”。

（4）要正确理解《水法》规定的取水顺序，河网、河道等开放水域实际上不存在取水的优先顺序，因为我们目前的管理手段是无法按优先顺序管理取水的，所以只能计算实际可达的保证率。另外，城市供水的保证率是值得商榷的，因为没有必要对城市总用水量按规范规定的保证率供水，城市总用水量并不享有《水法》规定的优先权，而是其中的生活饮用水才享有优先权。

（5）要充分注意论证的依据问题。目前，大多数论证缺乏对其论证所依据的资料进行验证与取舍，并且常常未能提供依据的证明文件，这容易造成结论的错误。

建设项目水资源论证的定位和重点如下：

建设项目水资源论证工作是改变过去“以需定供”粗放式的用水方式，向“以供定需”节约式用水方式转变的过程中的一项重要工作。建设项目立项前进行水资源论证，不仅促进水资源的高效利用和有效保护，保障水资源可持续利用，降低低建设项目在建设和运行期的取水风险，保障建设项目经济和社会目标的实现，而且可通过论证，使建设项目在规划设计阶段就考虑处理好与公共资源一水的关系，同时，也有利于处理好与其他竞争性用水户的关系。这样，不仅可以使建设项目顺利实施，即使今后出现水事纠纷，由于有各方的承诺和相应的补偿方案，也可以迅速解决。对于公共资源管理部门，通过论证评审工作，可以使建设项目的用水需求控制在流域或区域水资源统一规划的范围内，从源头上管理节水工作，保证特殊情况下用水调控措施的有序开展，保证公共资源一水、生态和环境不受大的影响，使人与自然和谐相处。所以，建设项目的论证工作对于用水户和国家都十分重要，是保证水资源可持续利用的重要环节。

建设项目水资源论证目的可归纳为：保证项目建设符合国家、区域的整体利益；从源头上防止水资源的浪费，提高用水效率；为特殊情况下，政府的用水调控提供技术依据；为实现流域（区域）取水权审批的总量控制打下基础；预防取用水行为带来的社会矛盾；为取水主体提供取水风险评估和降低取水风险措施的专业咨询，以便于取水主体在项目建设前把水资源供给的风险纳入项目风险中进行考虑。

因此，落实好建设项目水资源论证制度既服务于水资源管理，服务于公共利益，也服务于取水主体利益。为实现上述目标，建设项目水资源论证应包括以下主要内容：建设项目是否符合国家产业政策，是否符合区域（流域）产业政策和水资源规划；建设项目的取水量是否合理，从技术和工艺层次上分析其用水效率，做横向的对比（配套节水审批），同时对项目的用水特点进行详细的分析，按照生活用水量、生产用水量（需要细分）、景观用水量等进行归类，制定出企业不同优先等级的用水量；流域取水权剩余量是否能满足建设项目的取水权申请，取水行为、取水方式及退水对其他取水户取水权的影响及弥补措施；利用过往水文资料评估取水户不同等级用水量的风险度，分析其对企业所带来的风险损失，在此基础上，设计降低企业用水风险的对应措施；优化建设项目水资源论证程序。受经济利益的影响，水资源论证资质单位缺乏技术咨询机构的独立性，往往成为业主单位利益的代言人。出现这种现象的深层次原因是，建设单位往往把水资源论证视为项目建设的门槛，而没有认识到取水风险是项目建设、运行所必须面对的主要风险之一。而这背后的原因是项目建成后的用水往往很少严格按照论证报告执行，在得到取水权的情况下，受到的惩罚较小，企业越可能漠视取水风险。因此，若要解决这个问题，必须加强对取水户的取水进行监控，加大超许可取水的惩罚力度。在此基础上，加强论证单位资质管理，提高水资源论证资质单位的职业道德。对项目报告质量多次达不到要求的，要降低资质等级，直至撤销论证资质。对论证报告进行咨询分析属于政府行使行政审批职能的一部分，其费用应纳入政府的行政经费预算中，不应由业主单位负责。政府部门则可通过打包招标的方式，确定每年建设项目水资源论证报告的咨询单位，提高报告咨询质量。目前的水资源论证内容和方式不利于水资源管理工作的深入开展。应加强水资源论证负责人和编制人员的培训，明确各资质单位开展水资源论证的主要目的，改变现有水资源论证的基本套路，从而更好地为水资源管理服务。

三、计划用水制度

1. 计划用水的前提或理论依据

理论上讲，计划用水是一种有效提高水资源利用效率的手段。计划用水有两种假设：一是由于水价受到种种因素的制约，节约用水在经济上并不划算或者收益较小，使得人们节水的动力不足；二是受到水源供水能力的制约，政府不可能提供足够的水量满足所有用户的需求，为此，不得不采取按可供能力分配的手段，从而实现供需的平衡。第一种情况是普遍的，用户在使用资源时，必然进行经济上的比较。一般认为价格与需求量成反比，只要提高价格就能起到节约用水的效果，这是受到微观经济学供需平衡曲线的影响。实际上，经济学研究证明，价格与需求是否成反比还决定于弹性，只有富有弹性的商品，这种关系才成立。对于弹性较差的商品，这种关系并不成立，或者关系并不明显。对于刚性商品，这种关系完全不存在。其实，对于一个企业来说，它使用的资源较多，而决定企业成本的并不是每种资源的价格，而是各种资源的总费用。若一种资源价格很高，但如果其使用量不大，那么其总费用较低，在这种情况下，价格对节约起的作用仍然是微乎其微的。另一种情况是由于水是一种较易取得的资源，而且是一种用途极其广泛的资源，其价格不可能太高，而且远远无法达到企业的成本敏感区，因此，为了促进节约用水，从而采取了行政干预的手段，即下达用水计划，强制企业节约用水。以上的论述，从理论上讲，是正确的。

2. 计划用水制度的困难

计划用水制度的操作性存在问题，影响了它的适用范围。首先，用水的计划如何制订，一般认为计划用水可以根据用水定额科学地制订，从而核定每一用户的合理用水总量。然而，这种方法存在一个很大的问题，那就是如何科学地核定用水定额。我国已成为世界制造业大国，产品种类繁多，不胜枚举，任何的定额必然不可能穷尽所有的产品，从而使得这一做法存在着天然的漏洞。其次，任何一种产品的定额制订都需要一定的周期，而在产品更新如此快的时代，一种产品定额尚未制订出来，产品已经更新换代的可能性非常大，这就导致用水定额的制订无法跟上产品的更新或变化节奏。最后，使用产品定额核定企业用水总量，必须全面掌握企业产品生产的计划与过程，但这不仅牵涉商业机密问题，而且使用过程也需要巨大的工作量，牵涉到巨大的行政管理力量。计划用水只适用于较小范围的，相对单纯的，或者说共通性较强的产品，它不适合全面推行。

四、节水三同时制度

《水法》及其配套法规明确了节约用水的“三同时”制度，明确了建设项目的节约用水设施必须与主体工程同时设计、同时建设、同时投入使用，从而在工程建设上避免了重主体工程、轻节水设施的问题，保证了建设项目节水工作的到位。从目前情况来看，节水“三同时”制度执行情况并不理想，各级水行政主管部门并未对建设项目的节水设施进行有效管理，迫切需要加强。

当前，节水“三同时”制度执行较差的原因有以下几点。首先，缺乏相关的配套制度，由于建设项目用水情况的复杂性，对建设项目节水设施的管理也较为复杂，导致管理部门无力进行实质性的管理。其次，节水设施实际上与用水设施难以绝对区分，针对某一具体项目如不对其用水工艺、设备进行实质性审查，很难确定其用水是否合理，或者说是否符合节水要求。再次，目前采用的节水管理相关的技术规范难以对建设项目用水效率进行实际的、有效的控制，现阶段实行的用水定额标准就存在着产品种类较多、生产工艺复杂、定额标准难以有效覆盖等问题，即使已经制订的定额也因标准浮动幅度过大，难以对其用水量进行法律上的有效控制。最后，目前节水“三同时”制度还缺乏相应的管理标准，对如何保证同时设计、同时施工、同时投入使用，还缺乏相应的具体规定，导致这一制度并未得到有效实施。

五、入河排污口管理制度

随着经济社会的快速发展，排入江河湖库的废污水量也随之不断增加。根据 2003 年度《中国水资源公报》，2003年全国污水排放量约为680亿吨。在河道、湖泊任意设置排污口已经造成了极大的危害。

1. 废污水排放量逐年增加，严重污染水体，加剧水资源短缺

从1997到2003年，废污水排放量分别为584亿吨、593亿吨、606亿吨、620亿吨、626亿吨、631亿吨、680亿吨，导致一些地区河流有水皆污，丰水地区守在河边找水吃，许多城市被迫放弃附近的水源而另外寻找新水源。如上海市曾经多次上移城市取水口，牡丹江市、哈尔滨市城市供水水源地都因为污染而另外建设新的水源地。南方丰水地区河流湖泊也受到污染。如长江干流沿岸城市附近水域形成数十公里的岸边污染带，南京附近的长江干流附近取水口与排污口犬牙交错，严重影响了供水安全。2003年，淮河流域水资源保护局对全流域（不包括山东半岛地区）的入河排污口进行调查，共查出966个入河排污口，淮河水体受到严重污染，成为全社会关注的焦点。水污染严重影响了人民群众的身体健康和生产生活。由水污染引起的上下游之间的水事纠纷近年来也有增长的趋势。

2. 危及堤防安全，影响行洪

一些排污企业未经批准，随意在行洪河道偷偷设置入河排污口，对堤防和行洪河道的安全构成了潜在的威胁。当发生洪水时，污水将随着洪水漫延，扩大了污染区域，也使洪水调度决策更加复杂。

1988年颁布的《河道管理条例》对入河排污口的管理做出了一些规定，但在具体实施中显得力度不够。因此，2002年修订通过的《水法》第三十四条明确规定："在江河、湖泊新建、改建或者扩大排污口，应当经过有管辖权的水行政主管部门或者流域管理机构同意。"依法对入河排污口实施监督管理，是保护水资源，改善水环境，促进水资源可持续利用的重要手段；是落实《水法》确定的水功能区划制度和饮用水水源保护区制度的主要措施。2005年1月1日颁布了《入河排污口监督管理办法》(以下简称《办法》)。

《办法》主要规定了以下主要制度和措施：

（1）排污口设置审批制度。按照公开、公正、高效和便民的原则，对入河排污口设置的审批分别从申请、审查到决定等各个环节做出了规定，包括排污口设置的审批部门、提出申请的阶段、对申请文件的要求、论证报告的内容、论证单位资质要求、受理程序、审查程序、审查重点、审查决定内容和特殊情况下排污量的调整等。

（2）已设排污口登记制度。《水法》施行前已经设置入河排污口的单位，应当在本办法施行后，到入河排污口所在地县级人民政府水行政主管部门或者流域管理机构进行入河排污口登记，由其逐级报送有管辖权的水行政主管部门或者流域管理机构。

（3）饮用水水源保护区内已设排污口的管理制度。县级以上地方人民政府水行政主管部门应当对饮用水水源保护区内的排污口现状情况进行调查，并提出整治方案报同级人民政府批准后实施。

（4）入河排污口档案和统计制度。县级以上地方人民政府水行政主管部门和流域管理机构应当对管辖范围内的入河排污口设置建立档案制度和统计制度。

（5）监督检查制度。县级以上地方人民政府水行政主管部门和流域管理机构应当对入河排污口设置情况进行监督检查。被检查单位应当如实提供有关文件、证照和资料。监督检查机关有为被检查单位保守技术和商业秘密的义务。为了保证以上制度的有效执行,《办法》还规定了违反上述制度所应承担的法律责任。

建设项目需同时办理取水许可手续的，应当在提出取水许可申请的同时，提出入河排污口设置申请；其入河排污口设置由负责取水许可管理的水行政主管部门或流域管理机构审批；排污单位提交的建设项目水资源论证报告中应当包含入河排污口设置论证报告的有关内容，不再单独提交入河排污口设置论证报告；有管辖权的县级以上地方人民政府水行政主管部门或者流域管理机构应当就取水许可和入河排污口设置申请一并出具审查意见。

应当依法办理河道管理范围内建设项目审查手续的，排污单位应当在提出河道管理范围内建设项目申请时，提出入河排污口设置申请；提交的河道管理范围内工程建设申请中，应当包含入河排污口设置的有关内容，不再单独提交入河排污口设置申请书；其入河排污口设置由负责该建设项目管理的水行政主管部门或流域管理机构审批；除提交水资源设置论证报告外，还应当按照有关规定，就建设项目，对防洪的影响进行论证；有管辖权的县级以上地方人民政府水行政主管部门或者流域管理机构，在对该工程建设申请和工程建设对防洪的影响评价进行审查的同时，还应当对入河排污口设置及其论证的内容进行审查，并就入河排污口设置对防洪和水资源保护的影响一并出具审查意见。

六、纳污能力核定制度

2002 年修订的《中华人民共和国水法》明确提出：在划定水功能区后，要对水域纳污能力进行核定，提出限制排污总量意见，在科学的基础上，对水资源进行管理和保护。它从法律层次上不仅肯定了河流纳污能力的有限性，而且规定了保护水资源的底线目标，即对向河流排污的管理必须以河流纳污能力为基础，入河排污量超过纳污能力的，应当限期削减到纳污能力以下，尚未超过的不得逾越。纳污能力核定制度是水功能区管理的一种基本手段，目的是控制水污染，是水行政主管部门首个比较明确的制度，使其在水质上，有法定依据的发言权。

从理论上讲，河道纳污能力与季节、水量、河道形态、生态结构以及污染源的分布、排放方式、排放规律有关，不是一个确定的值；不同的污染物，其纳污总量是不同的，而污染物是无法穷尽的。

目前的技术规定，从理论上讲，存在的问题主要是河道径流特性不同，单纯用保证率的方法确定河道设计水量，容易造成控制过宽或过严的问题。

七、水功能区管理制度

早在 20 世纪 50 年代，我国就进行了水利区划工作，它是综合农业区划的重要组成部分，主要是摸清自然情况，针对不同地区的水利开发条件、水利建设现状、农业生产及国民经济各部门对水资源开发的要求进行研究分析，加以区分，提出各分区充分利用当地水土资源的水利化方向、战略性布局和关键性措施，为水利建设提供依据。80 年代国家又进行了全国水利区划分区工作，这次比 50 年代的更加全面、完整，并出版了《中国水利区划》。

20 世纪 80 年代末，首次进行了全国七大流域水资源保护规划工作，水功能区划作为规划的主要工作内容，第一次比较系统地进行了功能分区和水质保护目标的确定，区划的目的主要是考虑水质保护要求。这次规划的任务由水利部和国家环保局共同下达，水功能区划以实现水质保护目标的要求为首要任务，符合当时的实际情况和认识水平。

1999 年起，根据国务院的“三定”方案，水利部组织进行了第二次全国水资源保护规划，这次规划将水功能区划列为突出的工作，历时近 4 年之久，区划的规模、范围，以及参与区划的工作人员和各级领导的重视程度都是前所未有的。这次区划提出了水功能区的两级区划 11 分区的基本划分方法：两级区划即一级区划和二级区划；一级区划是水资源的基本分区，分为保护区、保留区、开发利用区、缓冲区；二级区划在一级区划的开发利用区内进行，分为饮用水源区、工业用水区、农业用水区、渔业用水区、景观娱乐用水区、过渡区、排污控制区。明确提出了各级区划的具体分类指标。区划成果由水利部组织审查，并由水利部发文公布《中国水功能区划（试行）》。

新《水法》颁布后，水利部又组织制定了《水功能区管理办法》，并进一步组织修改补充《中国水功能区划（试行）》，目前正在报国务院批准。同时，水利部还组织各流域机构编制了水功能区确界立碑项目建议书。水功能管理区制度是水资源管理的一项基本制度。它的本意是规定某一水域或水体的使用功能，是水资源开发利用的主要依据，但常常被理解为单纯的水资源保护的依据，甚至被理解为仅仅是江河水质管理的依据；它实际上是一种标准，但常被理解为规划。

主要管理内容：规划或建设项目的依据；江河水质监测特别是评价的依据；入河排污口审查审批的依据；江河纳污能力核定的依据。水功能区分为水功能一级区和水功能二级区。水功能一级区分为保护区、缓冲区、开发利用区和保留区四类。水功能二级区在水功能一级区划定的开发利用区中划分，分为饮用水源区、工业用水区、农业用水区、渔业用水区、景观娱乐用水区、过渡区和排污控制区七类。

目前管理手段与制度还比较缺乏。要真正实现水功能区管理的目的，使其成为水资源管理的重要手段，成为水资源开发利用的重要依据和水资源可持续利用的重要举措，仍存在以下几个方面的不足。

1. 管理的目标仍然太窄，仍局限在水质保护方面

一直以来，水行政主管部门组织的水功能区划，基本局限在水资源保护方面，针对的是水污染问题，跳不出水质保护的框框。公布的区划结果，一般都是功能区名称、范围及水质保护目标，与环保部门的工作出现重复，并未体现水行政主管部门的职责，即从水资

源的综合利用、可持续利用的高度来确定水域的主要功能用途。目标太窄或定位太低，是水功能区管理存在的最大不足。

2. 水功能区管理的意义、作用没有得到正确认识

水利部党组审时度势，从国家水安全利用、国家经济振兴的高度出发，提出了新的治水思路。要实现治水思路的根本调整，必须有具体的、可操作性强的措施，抓好水功能区管理，是实现治水战略调整的核心。因为水功能区是一项最综合的指标，可以说，所有的水资源开发、利用、保护都与水体功能有关，一旦水体某项要素不符合功能设定的要求，就要丧失使用价值，出现水的供求矛盾甚至危机。无论 20 世纪 50 年代起的水利化区划，还是 80 年代后的水功能区划，都没有得到很好的实施，也没有真正认识和理解水功能区的作用和价值，造成水资源开发利用的很大浪费，有些损失甚至是无法挽回的。如在通航优良的河道上建坝，因为缺乏水功能区管理，建设单位根本不顾及通航要求，拦河建坝不修船闸，层层梯级开发使黄金通航水道彻底丧失；又如在 20 世纪 50 年代就规划大型水利枢纽的位置，由于缺乏整个流域或区域的水功能区划与水功能区管理，以致良好的坝址丧失价值；如城市给水与排水问题、渔业养殖与水质保护问题、防洪筑堤与生态保护问题，滞洪区与经济社会发展问题等，都可归纳为缺乏有效可行的水功能区管理而造成的。

3. 水功能区管理的投入机制并未建立，实施管理的困难大

实施水功能区管理，需要有稳定的投入，它不像其他的行政审批制度，也不像某项工程任务，有一次投入即可。水功能区管理的支出包含有两大部分：用于维护水功能正常发挥作用；用于监督管理水功能区，如水功能区要素监测，流量、水位、水质等指标的实时监测，水功能区设施的建设，信息化的建立与运转等。过去与现在，尚未建立起投入机制，这是目前最紧迫的问题。水功能区管理的可达性很大程度上依赖于投入的稳定程度。

4. 管理的目标单一，不能全面反映水功能区的要求

现行的水功能区划结果，实质上仅提供了实现水功能的水质目标，而其他关键性指标，如流量、水位、流速、泥沙及生态保护方面（如功能区内的用水量、水资源承载能力、水环境承载能力等）的基本指标，均是衡量水功能能否正常发挥作用的关键指标，目前还是一片空白，这对水功能区管理是十分不利的。

八、水资源规划制度

规划是管理重要的技术依据，规划有两类做法，一类是从技术出发，目的是合理开发利用与保护水资源，主要的做法是摸清资源赋存状况，再根据可供水资源与水资源需求，进行供需平衡，在无法平衡的情况下，开发新工程或对需求进行管理，从而达到水资源的供需平衡，达到水资源效益的最大化，在技术上保证水资源最合理的利用或保护。但这种规划有一个最大的问题，由于它的提出是从技术层面的，所提出的管理要求，也是从属于技术的，是为了保证技术层面规划的结果能够真正得以实现。但从实际执行的结果来看，

水资源技术规划执行的效果并不理想，还是存在着管理与实际脱节问题，特别是在管理措施的落实方面，同时这类规划也无法为管理提供明确的措施与手段。这类规划还有比较严重的问题无法进行需求管理。

九、水资源调度业务制度

水资源调配是为综合利用水资源，合理运用水资源工程和水体，在时间和空间上对可调度的水量进行分配，以实现受水区本地水源与客水的科学配置，适应相关地区各部门的需要，保持水源区和受水区的生态和经济可持续发展。可调水量是考虑水库、湖泊等水源地现有蓄量、长期以来水预估、工程约束、发电和下游航运需求等条件，在一个调度周期能够输出的水量。

水资源调配包括水资源规划配置、年水资源调度计划制订、月水资源调度计划制订旬水资源调度计划制订、实时调度以及应急调度等调度业务的在线处理，为水资源调度工作人员的日常业务工作提供包括文档接收（上级文档的接收和下级文档的接收）、文档发送（包括向上级的上报和向下级的下发）、用水计划受理、水调报表自动生成（包括水调日报、水调旬报、水调月报、水调年报）等功能。

水资源调配的目的在于最优地利用有限的水资源，为国民经济的可持续发展服务，水资源调配依据目前的水资源形势，采用专业技术为决策者提供多角度、可选择的水资源配置，调度方案，供决策参考。

水资源调配先是对当前水资源的评价，包括水资源数量评价、质量评价、开发利用评价及可利用量评价等，进而对未来的需水量预测，可供水量预测，在此基础上进行水量供需平衡分析和水资源优化配置，并利用优化目标规划模型等专业技术进行科学调度，制定出各种条件下水资源的合理配置、调度方案。

根据水资源分配规定制定的水资源分配和调度方案，按照水资源总量控制和定额管理的原则，可以对流域或区域的水资源调度过程进行监控。

第四节　管理流程的标准化建设

在水资源管理规范化建设的制度框架体系下，对于水资源管理的管理流程进行标准化设计也是水资源规范化建设的内在需求，是依法行政的重要前提，在此对水资源管理的工作流程和水资源保护的工作流程进行了设计，具体如下。

一、水资源管理的标准化流程建设

水资源管理制度的目标是：建立制度完备、运行高效，与经济社会发展相适应、与生态环境保护相协调的水资源管理体系，进一步完善和细化水量分配、水资源论证、水资源有偿使用超计划加价、计划用水、用水定额管理、水功能区管理、饮用水水源区保护等国家法律、法规、规章已明确的各项管理制度。在对水资源管理体制框架进行整体综合设计的基础上，本节将明确规范化建设组成制度及相应的制度内容，对在水资源规范化管理制度框架下的核心管理制度的规范化工作流程进行梳理，从而克服目标不一致、信息不对称、行动效率低下等问题。

1. 水源地管理

加强供水水源地管理，是提高公共健康水平，保障经济社会又好又快发展的重要措施。其管理内容包括：

（1）供水水源地基本信息管理：要求水源地主管部门将供水区域、人口等有关基础信息按规定要求录入管理系统，掌握其水源地基本情况。

（2）供水水源地水质安全影响因素管理：开展对水土流失、农田分布、居民点分布等潜在污染因素的调查，并将有关调查结果输入数据库，并形成相应的 GIS 图件，为分析与管理提供基础。

（3）来水水量、水质管理：对水源地的降雨量、主要河流的流量进行监测，对来水水质进行定期监测，以掌握水源地水量水质变化情况。

（4）水源地安全评估：在调查分析实时污染因子和水质情况的基础上，对水源的安全情况和变化的趋势进行定期的综合评估，发现水源地保护中存在的不足和薄弱环节。饮用水水源地安全评估必须着重考虑五个方面因素：一是水量、水质安全达标情况；二是保护措施是否满足保障水源安全的要求；三是水源地安全要求与受水区域经济社会发展之间是否协调；四是以发展的观点分析水源安全措施是否适应社会对饮用水水质不断提高的要求；五是水源地的开发和规划是否符合水源地安全的要求。

（5）根据安全评估结果，结合现实需求，制定相应的水源地保护管理目标，并制定相应的保护规划。

（6）根据规划要求，对需要采取工程措施保护的水源地制定水源地保护工程实施方案，同时研究制定水源地保护长效管理制度。

（7）工程实施管理：对采取工程保护措施的水源地，需要进行工程实施进度管理，以保障工程的顺利推进。

（8）长效管理制度主要包括：

危险品监管制度：对进入库区和在库区产生的（包括产品中间体）国家危险化学品名录中的化学物质实行登记与核销制度，进行全过程监控；对库区危险化学品运输实行准运制度，明确运输时段、运输方式、运输路线，并明确安全保障条件和应急措施。

排污口管理制度：要对水源地保护区范围内现有的排污口进行登记，同时，按法律法规和保护规划要求严禁新设排污口，并提出对现有排污口的整治措施。

污染源管理：要求对库区内污染点源进行登记，对新增污染源需进行申报并严格按照保护规划要求进行审批。

水源地保洁制度：水库水源地要建立覆盖库区主要河流和水库水面的水域保洁制度，建立“综合考核、分工协作、专业养护、人人参与”的保洁工作机制。由水利部门牵头，组织对水库水源地水域保洁工作进行监督管理和综合考核；水库管理机构、乡镇、村按照各自的职责负责具体做好相应水域的保洁工作；在具备条件的地区要积极引入竞争机制，落实专业保洁队伍，用市场化方法开展水库水源地水域保洁工作。

水源地巡查举报制度：要强化对库区水源地情况的动态监管，建立基本的巡查制度，明确巡查内容、巡查方式方法、巡查次数、巡查纪律、巡查责任、巡查的报告程序和时限等内容，确保做到发现问题及时上报、及时处理。针对水库水源地人口经济的实际情况，标出重点区域的位置和易发生污染水源的重点区域，将具体巡查责任落实到个人。每个水库水源地都要设立专门的举报电话，也可建立网上举报渠道，同时要建立有奖举报机制。

水源地长效管理制度正在不断的探索与完善过程中，其需求也随着管理的深入不断拓展。

（9）实施效果评估：将定期对水源地保护规划实施情况进行评估，及时发现水源保护中存在的薄弱环节和管理上的漏洞，以促进水源地保护工程的持续改进。将实施效果评估的结果反馈到水源安全评估环节，作为保护规划修编和改进的主要依据。

2. 地下水管理

随着地表水源替代工程的建设和地下水禁限采工作的推进，浙江省地下水资源将主要发挥事故应急备用、抗旱用水的功能。而加强地下水资源的管理是地下水禁限采工作顺利推进的重要保障，也是发挥其应急备用功能的工作基础。其业务工作内容包括：

（1）地下水调查与评价：对全省地下水资源及其开发利用情况进行调查评价，掌握浙江省地下水资源的分布区域、地下水水质类型，不同类型地下水的开发利用量、地下水开采井的空间分布、地下水降落漏斗分布区等基本信息。

（2）提出地下水保护目标：根据地下水调查评价的结论，结合浙江省水资源开发利用的整体部署，分区域制定地下水保护目标。在平原承压区，明确将承压地下水资源定位为应急备用和战略备用水源；在河谷浅水区，原则上地下水作为应急备用和抗旱用水；在红层水分布区，也应逐步控制地下水开采，最终将其作为应急备用水源。

（3）划定地下水禁限采区域：根据区域地下水调查评价的结果，结合区域地下水保护目标，分阶段提出地下水开采调整规划，并划定相应的禁采区与限采区。

（4）地下水监测站网管理：根据地下水管理的需要，要不断补充完善浙江省地下水水位、水质站网的布设，并对监测设施进行相应的改造，同时要制定地下水站网布设的技术要求和管理规范，为地下水站网的动态管理打下基础。

（5）地下水应急取水井管理：结合禁限采工作，改造一批地下水开采井，以满足未来应急取水的需求。制定地下水应急取水井布设的技术规范，同时，制定调整应急取水井的管理规定。根据制定的相关规定，对地下水应急取水井的名录、地理位置，取水能力、水质等基本内容进行管理。

（6）地下水封井进度管理：根据禁限采目标，制定年度封井指标，并对其实施情况进行动态监管。目前，根据杭嘉湖和甬台温地区禁限采区承压地下水在2010年底前全面实行禁采要求，对各地实施情况进行监管，及时督促有关地区加快封井进度。

（7）定期开展地下水水位水质监测：根据管理要求，制定相应的地下水水质水位监测规范，定期地对下水水质水位进行监测，同时对部分重要站点探索开展自动监测。

（8）管理效果评估：在综合分析地下水水位水质监测、地下水禁限采开展情况，应急备用井管理，监测站网管理等工作的基础上，开展地下水管理效果评估，相关结果作为调整地下水保护目标，完善地下水管理制度的重要依据。

3. 计划用水与节约用水管理

计划用水与节水管理主要包括：节约用水法规政策管理、用水定额制定和使用管理、行政区域年度取水总量管理、取水户取水计划管理，节水施工项目管理、取水户水平衡测试和节水评估管理、节水“三同时”管理。

（1）节约用水法规政策管理：在梳理现有节约用水法规政策体系的基础上，提出完善浙江省节约用水法规政策体系的建议，逐步形成有利于节约用水工作开展的体制机制，同时，要加大现有法规政策的执行力度。

（2）用水定额制定和使用管理：建立用水定额动态调整的工作机制，根据浙江省块状经济发达的特点，选择一批有实力的龙头企业，牵头开展其对应领域的产品用水定额编制。水行政主管部门对其提出的用水定额修订方案进行分析、论证和审查，将成熟的方案纳入省级用水定额标准，从而提高用水定额的实用性。同时，对定额使用过程中出现的问题和修改建议及时进行整理，以进一步提高定额制定的科学性。

（3）行政区域年度取水总量管理：根据水资源管理的实际情况，浙江省行政区域年度取水总量计划将分为“指令性计划”和“指导性计划”两类进行管理，其相应的管理对象和范围将随着水资源管理基础工作的加强逐步进行调整。本年度制定下一年度的区域年度取水总量控制计划；在执行过程中要对计划执行情况进行通报，及时预警，并按有关规定，要求地方采取相应的措施；年终要对上一年度计划执行情况进行评估，以利于计划制订工作的持续改进。

（4）取水户取水计划管理：各市县根据上级下达的区域年度取水总量，制订区域内取水户的年度取水计划。对超计划取水的取水户实行超计划累进加价征收水资源费；对要求调整计划的取水户，取水户提出计划调整申请，并说明调整的理由和要求，原计划下达机关将综合考虑有关因素进行审批。水行政主管部门对取水户取水计划执行情况，要及时进行预警。同时，取水户要对年度取水计划执行情况进行总结，并报水行政主管部门。

（5）节水施工项目管理：根据《浙江省“十一五”节水型社会建设规划》，浙江省要启动实施的节水工程有千万亩十亿房节水工程、小型农田水利节水建设项目、供水管网改造工程、生活节水器具普及项目、工业循环用水改造节水项目、高污染行业水回用及综合治理项目、火电厂节水技术改造项目、海水淡化工程等。水行政主管部门具体组织实施农业节水项目，保障工程按规划推进。同时，要及时掌握其他部门节水工程实施进度。

（6）取水户水平衡测试和节水评估：根据《浙江省节约用水管理办法》规定，非居民用水户每3~5年进行节水评估。其中，对大耗水工业和服务业的用水户，要定期组织进行水平衡测试。对超计划取水的自备水源用户，水行政主管部门也要开展水平衡测试和节水评估。

（7）节水“三同时”管理：对新增自备水源取水项目，将相关的节水设计、施工和运行要求，融入建设项目水资源论证和取水许可审批管理流程中，一并开展管理。对已有取水项目，将通过节水评估、计划用水、水平衡测试等倒逼机制和技术措施，开展节水“三同时”管理工作。对管网取水户，将探索开展节水“三同时”备案或审批工作。

其中，行政区域年度取水总量的管理内容是：根据水资源管理的实际情况，区域年度取水总量计划将分为“指令性计划”和“指导性计划”两类进行管理，其相应的管理对象和范围将随着水资源管理基础工作的加强逐步进行调整。本年度制订下一年度的区域年度取水总量控制计划；在执行过程中要对计划执行情况进行通报，及时预警，并按有关规定要求，地方采取相应的措施；年终要对上一年度计划执行情况进行评估，以利于计划制订工作的持续改进。

4. 取用水管理制度和内容及管理流程

取水许可管理主要完成取水许可的审批工作，主要工作内容如下：

（1）实现对取水许可的审批和管理；

（2）输出许可、处罚、批准通知书等文件；

（3）建立取水许可数据库，对取水单位信息、水环境影响等建库。在必要时，对取水许可证进行核定；

（4）每年对取水单位的取水量，取水执行情况等进行汇总，形成报表上报，并辅助制订区域取水计划的安排。

各地应当按照国务院46号令的规定，建立取用水管理制度，严格执行取水许可申请、受理和审批程序，优化审批流程，缩短审批时间，加快电子政务建设，推行网上审批，提高办事效率。取水许可审批单位除了应当对取水许可申请单位提供的材料进行严格审查外，对于重大建设项目或者取排水可能产生重大影响的建设项目，均应安排2个或者2个以上工作人员进行实地查勘，取水许可审批现场勘查率不得低于70%。应建立水资源管理机构内部集体审议制度，防止取水审批决策失误，严禁各种形式的取水审批不作为和越权审批行为发生。取水工程或设施竣工后，取水审批机关应当在规定的时间内组织验收。重大取水项目应当组织5名（含5名）以上相关工程、工艺技术专家组成验收小组进行验收，其他项目组织2名（含2名）以上人员进行验收。取水工程或设施验收后，验收组应当出具验收报告，验收合格者由取水许可审批单位下发取水许可证。取用地下水的，取水许可审批机关应当对凿井施工单位的凿井施工能力进行调查核实，对凿井施工中的定孔、下管、回填等重要工序进行现场监督，省级水行政主管部门应制定颁布取水工程验收管理办法，细化验收组织形式、验收程序和验收具体内容。地方各级水行政主管部门应当将取水许可证的发放情况定期进行公告，广泛接受社会监督。

5. 水资源费征收管理制度

水资源费的征收及使用管理工作主要包括三部分内容：一是对取水户的征费及缴费管理；二是对省、市、县三级水资源费结报管理；三是全省水资源费的支出管理。

（1）取水户的征费及缴费管理。浙江省水资源费征收主体为各级水行政主管部门。具体征收机构较为复杂，大致有以下几种：一为各地水政监察机构；二为各地水资源管理机构；三为各地水行政主管部门财务管理机构。各地水资源费征收程序一般为：首先，现场抄录取水量数据并要求取水户签字认可或从电力部门获取水电发电量数据；其次，根据双方认可的取水量（发电量）和收费标准核算水资源费并发送缴款通知书；最后，用水户按缴款通知书要求缴纳水资源费。近年来，有些地方在缴费方式上开展了“银行同城托收”，方便了取水户缴纳水资源费。

（2）水资源费结报管理。省水行政主管部门一年开展两次全省水资源费结报，并开具缴款通知书；各市、县持缴款通知书向同级财政提出上划申请；同级财政审核后及时将分成款划入省、市水资源费专户。

（3）水资源费支出管理。水资源费均实行收支两条线管理。省级水资源费使用由省水行政主管部门编制预算，经省财政审核和省人大批准后执行。大多数市县能将水资源费主要用于水资源的节约、保护和管理，但也有部分市县未能严格按照规定执行到位。省水资源费征管机构对各地水资源费使用情况进行统计，不定期开展监督检查，及时督促各地纠正水资源费使用中不合规定的行为。

6. 水资源费征收标准的制定及工作考核

（4）水资源费征收标准的制定。根据国家资源税费改革的有关政策，结合各水资源的实际情况，加强与发展改革委、物价等有关部门的沟通协调，建立水资源费征收标准调整机制，促进浙江省水资源的可持续利用。

（5）水资源费征收工作考核。根据各地实际取水量和发电量，核定各地足额征收水资源费应收缴的水资源费金额，对比各市县实际收缴金额，可核算得到各地水资源费的征收率。水资源费征收率的结果将作为水资源费征收工作考核的重要指标。

地方各级水行政主管部门水资源管理机构，应当加强水资源费征收力度，提高水资源费到位率，严禁协议收费、包干收费等不规范行为。严格水资源费征收程序，在水资源费征收各个环节，按规定下达缴费通知书，催缴通知书、处罚告知书、处罚决定书。水资源费缴费通知书、催缴通知书、处罚告知书、处罚决定书文书式样由省级水资源管理机构统一制定，以规范水资源费征收管理。凡征收水资源费使用“一般缴款书”的，水资源费征收单位应当按时到入库银行核对各有关单位水资源缴纳情况，对未能按时缴纳水资源费的单位，即时按规定程序进行追缴。凡征收水资源使用专用票据的，票据应当由省财政部门统一印制，由省级水行政主管部门统一发放、登记，并收回票据存根，防止征收的水资源费截留、挪用和乱收费等违法行为发生。各地应当按照规定的分成比例，及时将本级征收的水资源费交上级财政。核算水资源费征收工作成本，建立水资源费征收工作经费保障制度。

7. 取水许可监督管理制度及管理流程

取水许可监督管理机关除了应当对取水单位的取水、排水、计量设施运行及退水水质达标等情况加强日常监督检查，对取水单位的用水水平定期进行考核。发现问题及时纠正外，还应当在每年年底前，对取用水户的取水计划执行、水资源费征缴、取水台账记录、退水、节水、水资源保护措施落实等情况进行一次全面监督检查，编报取水许可年度监督检查工作总结，并逐级报上级水资源管理机构。

全面实施计量用水管理，纳入取水许可管理的所有非农业取用水单位，一级计量设施计量率应达到 100%；逐年提高农业用水户用水计量率。建立计量设施年度检定制度和取水计量定时抄表制度，取水许可监督管理部门除对少数用水量较小的取水户每两个月抄表一次外，其他取水单位应当每月抄表。抄表员抄表时应当与取水单位水管人员现场核实，相互签字认定，并将抄表记录录入管理档案卡。建立上级对下级年度督查制度，强化取水许可层级管理。

8. 档案管理制度及工作内容

各级水资源管理机构应当规范水资源资料档案管理工作，设立专用档案室，由具备档案专业知识人员负责应进档案室资料的收集、管理和提供利用工作。建立健全各项档案工作制度，严格档案销毁、移交和保密等档案管理的各项工作程序和管理规定，应当归档的文件材料即时移交档案管理人员归档。取水许可、入河排口审批及登记资料实施分户建档，内容包括申请、审批、年度计量水量、年度监督检查情况以及水资源费缴纳等各项资料。建立水资源管理资料统计制度，对水资源管理的各项工作内容分类制定一整套内部管理统计表，如取水许可申请受理登记表、取水许可证换发登记表、计量设施安装登记表、用水户用水记录登记表等，实现档案管理的有序化和规范化。

9. 建设项目水资源论证制度及管理流程

水资源论证管理包括对论证单位的资质管理和对论证报告的评审管理。

（1）论证单位的资质管理

根据水利部论证单位资质管理的有关规定，对资质单位的授予流程进行管理，授予资质后加强对其资质使用和业务开展的监督管理。其主要的管理工作内容包括：

受理。每年 6 月 1 日至 6 月 30 日，申请单位按规定提交申请材料，经主管部门签署相关意见后，报省水行政主管部门。省水行政主管部门收到申请人提交的送审材料，如发现材料不齐全或不符合规定的，当场或者在 5 个工作日内告知申请人，逾期不告知的，自收到送审材料之日起即为受理。不予受理的，向申请人书面说明理由，告知权利。

审查。受理后，在 20 个工作日内完成甲级资质的初审工作，并签署初审意见，上报水利部；在20个工作日内完成乙级资质的审批工作。省水行政主管部门核实提交申请材料的真实性，同时将相关的权利、义务和专家评审所需时间告知申请单位。

审查的主要内容。资质单位的审查内容主要包括资历和信誉、技术力量、技术装备、业务成果四个方面，根据水利部《水文水资源调查评价资质和建设项目水资源论证资质管理办法》和省水利厅的具体管理规定，对其各项内容进行逐项评议。

资质单位论证工作评估。为了进一步加强对论证单位的监督管理，定期对资质单位的论证工作进行后评估，主要对其资质使用情况、论证报告质量、论证违规行为等内容进行监督检查，评估结果作为资质管理的重要依据。

（2）建设项目水资源论证报告的审批管理

建设项目水资源论证工作主要是对建设项目所在流域或区域水资源开发利用现状、取水水源、取用水量合理性，退水情况及其对水环境影响，开发利用水资源对水资源状况及其他取水户的影响，以及水资源保护措施等进行分析、论证和评价。

受理。受理后，水行政主管部门当场或者在5个工作日内将不符合受理要求的内容一次性告知申请人，逾期不告知的，自收到送审材料之日起即为受理。申请人在接到补正通知之日起10天内补正，逾期不补正的，其申请无效。不予受理的，向申请人书面说明理由，告知权利。

初审。受理后，在5个工作日内将送审材料分送有关专家、部门初审。经初审，不符合审批条件的，不予批准、并书面通知申请人。符合审批条件的，对审查方式和审查时间做出安排，并通报申请人及有关单位。

现场勘查。审查机关根据需要，可组织相关专家和管理部门代表对项目现场进行勘查，以增强论证评审的科学性。

论证报告的程序审查。主要对论证报告书的论证材料是否齐全、论证资质单位是否符合报告编制要求等内容进行审查。

论证报告的合规性。主要对建设项目的布局是否符合产业政策和水资源规划要求，新增取水量是否突破区域总量控制要求等内容进行审查。

取水水源。主要对项目提出的取水水源地是否能满足项目取水需要进行审查，审查时要充分考虑其他取水主体的取水权益。

取水合理性。对项目选取的生产工艺和关键用水设备是否符合区域节水要求，采取的节水措施是否有效等内容进行审查，并提出改进意见。

第三者权益补偿方案。对取水影响第三方利益的相关分析结论进行审查，主要审查其受损主体分析是否全面，补偿措施是否到位，受损主体是否同意相关方案。

退水对水环境影响及保护措施。根据退水水域水功能区管理的有关要求，审查其退水方式和废水水质是否符合相关要求，并分析其对水域生态的影响；审查报告提出的水环境保护措施能否将项目实施带来的环境影响控制在管理要求之内，并重点考虑其现实可操作性。

报告修改确认。报告编制单位，根据专家组意见，对论证报告进行修改。专家组长要签名确认论证报告已按规定要求进行修改完善。

完成审批。审批机关将按照修改后的论证报告，根据专家组提出的相关意见，完成论证报告书的审批工作。

10. 水资源统计管理制度及管理流程

各级水资源管理机构要按照水资源年报、公报的编制要求，按时按质开展水资源年报和水资源公报编制工作。水资源年报实施逐级上报，水资源公报在本行政区域范围内向社会发布。省、市两级水资源管理机构除了应当编制水资源年报、公报外，为了加强地下水和水功能区管理，还应当按月编制地下水通报（月报）、水功能区水质通报（月报），即时向本级人民政府领导和水利系统内部通报地下水动态和水功能区水质变化情况。水资源管理机构应当对管理对象的取用排水情况建立按月，季和年度统计制度，为水资源年报、公报编制提供基础资料。

各级水行政主管部门要按照“行为规范、运转协调、公平公正、清廉高效”的要求，进一步建立健全水资源管理制度框架下的其他各项工作制度，如水资源管理工作会议、水污染事件报告与处置、计量设施抄表、水资源统计填报、档案管理、办公用品管理等各项水资源管理工作制度。通过制度建设，明确水资源管理行政审批办事程序和工作流程，防止水资源管理工作的缺位、错位、越位等现象发生。

11. 水资源调度业务处理

水资源调配是为综合利用水资源，合理运用水资源工程和水体，在时间和空间上对可调度的水量进行分配，以实现受水区本地水源与客水的科学配置、适应相关地区各部门的需要，保持水源区和受水区的生态和经济可持续发展。可调水量是考虑水库及湖泊等水源地现有蓄量、长期来水预估、工程约束、发电和下游航运需求等条件，在一个调度周期能够输出的水量。

水资源调配包括水资源规划配置、年水资源调度计划制订、月水资源调度计划制订、旬水资源调度计划制订、实时调度以及应急调度等调度业务的在线处理，为水资源调度工作人员的日常业务工作提供包括文档接收（上级文档的接收和下级文档的接收）、文档发送（向上级的上报和向下级的下发）、用水计划受理、水调报表自动生成（水调日报、水调旬报、水调月报、水调年报）等功能，水资源调配的目的在于最优利用有限的水资源，为国民经济的可持续发展服务。水资源调配应依据目前的水资源形势，采用专业技术为决策者提供多角度、可选择的水资源配置、调度方案，供决策参考。

水资源调配首先要对当前水资源进行评价，包括水资源数量评价、质量评价、开发利用评价及可利用量评价等，进而对未来的需水量和可供水量进行预测。在此基础上进行水量供需平衡分析和水资源优化配置，并利用优化目标规划模型等专业技术进行科学调度，制定出各种条件下水资源的合理配置、调度方案。

根据水资源分配规定制定的水资源分配和调度方案，按照水资源总量控制和定额管理的原则，可以对流域或区域的水资源调度过程进行监控。

12. 水资源规划管理

水资源规划的基本任务是根据国家建设方针、规划目标和有关部门对水利的要求，以及社会、经济发展状况和自然条件，提出一定时期内配置、节约、保护水资源和防治水害的方针、任务、对策、主要措施、实施建议和管理意见，作为指导工程设计、安排建设计划和进行各项水事活动的基本依据。其主要包括综合规划、区域规划、城市规划、专项规划等。

13. 水资源信息统计管理

水资源信息统计与发布包括对水资源公报、水资源简报、水功能区水资源质量通报、水资源管理年报、水务管理年报、地下水通报、水质旬报和节水通报等的管理和发布。

《取水许可监督管理办法》“水资源管理统计”规定：各级水行政主管部门和流域机构建立水资源管理统计制度，各省要在每年6月底以前，向水利部报送上一年度本地区水资源管理年报表，并抄送流域机构。水资源管理年报工作的目的是明确本地区的来水和用水状况、用水结构，为制订本地区下一年度取水计划、实现计划用水管理和节约用水提供准确的数据依据，同时也可为制订中长期供求计划的用水趋势提供依据。水行政主管部门要对辖区内水资源统计资料的可靠性、合理性进行全面审核和系统分析，确保水资源管理年报数据的准确性。

水资源公报工作的目的是按年度向各级领导、有关部门和全社会公告全国各地的来水、用水、水质的动态状况，反映国内重要水事活动，水供需矛盾及有关水资源的最新科研成果，提高全民的节水、惜水意识，为管好、用好、保护好水资源创造必要的条件。编发水资源公报是各级水行政主管部门的一项重要的经常性工作。

其他的水资源信息统计还包括水资源简报、水功能区水资源质量通报、水务管理年报、地下水通报、水质旬报、节水通报等。水资源信息统计是一个由多级水行政主管部门共同完成的工作，下级水行政主管部门要把本行政区的水资源统计资料核实以后上报给上级水行政主管部门，再由上级水行政主管部门对所辖区内的统计资料进行汇总，并再次上报。

通过文字、图、表等直观方式发布水资源公报，对已发布的水资源年报、公报、地下水通报、水质旬报进行分类管理，便于查询、检索。

二、水资源保护的标准化流程建设

水资源保护工作也是水资源规范化管理的重要组成部分，并且水资源保护工作又与水环境保护工作密不可分，某种程度上，也存在相互交叉。《水法》是以功能区管理制度为核心进行水资源保护制度设计的。

从工作制度看，水资源保护工作更多是从宏观层面提出限排要求，同时开展水功能区水质监测，以保障水资源的可持续利用，而微观层面的污染源监管职责则由环境保护主管部门承担。各级水资源管理部门要深入研究最严格水资源管理制度关于水生态环境保护的要求，并将相关职能之外的工作任务分配至环保部门，同时，也要积极开展相关基础工作，打造保护载体，凸显水资源保护工作的特色。

水行政主管部门进行水资源保护所需要开展的主要工作及管理流程如下。

1. 排污口审核管理制度及工作流程

入河排污口管理是与水功能区管理工作紧密联系的，是实现水功能区保护目标的重要制度保障。入河排污口管理的目的是进一步规范排污口的设置，使其符合水功能区划、水资源保护规划、涉河建设项目管理和防洪规划的要求。具体工作内容如下：

（1）排污口调查登记：对现有入河排污口进行调查登记工作，摸清全省现有入河排污口的分布、排污规模、污染物构成等基础信息。

（2）制定排污口整治目标：根据水功能区管理的目标要求，限制排污总量，提出相关要求，制定各功能区、各行政区域、各流域的排污口综合整治目标。

（3）排污口整治工程：为了完成排污口整治目标，制定规划，提出所需上马的排污口整治工程，对有关排污口进行截污纳管，并建设相应的管道和污水处理设施。

（4）新增排污口审批管理：根据功能区限制排污管理办法的要求，在新增排污口必要性和合理性审查的基础上，把新增排污口纳入审批管理。主要审查新增排污是否符合功能区限制排污要求、排污规模是否合理、排污入河是否必要、排污是否影响工程安全和防洪安全、排污是否影响第三方利益等。

（5）排污口基础信息管理：对排污口调查登记获得的基础信息进行管理，同时根据排污口整治和新增排污口审批情况，对排污口基础信息进行动态更新。

（6）排污口整治工程进度管理：对排污口整治工程的实施进度进行动态管理，并将有关信息及时反馈给相关管理部门，以利于排污口管理目标的顺利实现。

各级水行政主管部门应完成限制排污总量年度分解，并分步骤、有计划地落实，全面加强以水功能区为单元的监督管理，开展入河排污口季度调查工作，为入河排污口的年报公报建立基础数据支撑，组织河流入河排污口布设规划编制工作，为功能区管理提供依据。对新增、改扩建的排污口流程建立严格的审核管理流程，规范相关行为。

2. 水功能区生态保护与监测制度及管理流程

水功能区管理的工作内容包括水功能区基本信息管理、水功能区纳污能力核定、限制排污总量管理、水功能区水质监测、水功能区达标率考核管理等内容，是一个相互支撑、相互联系的整体。

（1）水功能区基本信息管理：对水功能区的类型、所处区域（流域）、地理位置、编号等水功能区基础信息进行全面的管理，根据实际的变化进行动态修正。

（2）水功能区纳污能力核定：根据相应的技术规程，结合水功能区净化能力的实际情况，委托专业技术机构对全省各个水功能区的纳污能力进行核定，为水功能区的管理奠定基础。

（3）限制排污总量管理：对各功能区的现状排污情况进行全面调查，并结合水功能区纳污能力核定结果，提出相应的限制排污总量技术报告。以技术报告为基础，结合现实情况，通过行政协调与决策，提出全省限制排污总量控制方案，同时，制定相应的限制排污总量管理办法，使现状已突破纳污能力的水功能区排污总量逐渐减少，使现状尚未达到纳污能力的水功能区新增排污量控制在确定的范围内。

（4）水功能区水质监测：为了及时掌握水功能区的水质情况，充分发挥水域作用。要制定水功能区水质站网布设的技术要求和规定；在国家规定监测指标的基础上，结合水功能区水质实际情况增加部分监测指标，定期开展监测。监测结果作为排污口审批、水功能区管理考核的重要技术依据。

（5）水功能区达标率的考核管理：根据水功能区水质现状，结合限制排污总量管理办法，制定水功能区达标率考核管理的办法和标准，并根据水功能区水质监测结果，对各市县的水功能区达标率进行年度考核。

水功能区的水生态保护是水环境保护发展的必然趋势。因此，建立水功能区生态保护与监测制度，加强水功能区的水生态监测、保护水功能区水质环境，也是水利部门践行生态文明的具体举措之一，更是最严格水资源管理制度的组成部分。水功能区生态保护与监测制度应包含：各级水行政主管部门要编制年度水生态系统保护与修复规划，并将任务分级逐级下达。此外对重要的河流、水域要开展水生态监测工作，编制年度水功能区水质监测计划，并提出完成率指标，为水生态保护工作打好基础。

3. 水生态系统保护与修复管理

水生态系统保护与修复管理包括：水生态系统基本信息管理；水生态保护与修复动态信息管理；保护与修复工程信息管理；保护与修复评估以及体系建设管理；保护与修复保障措施管理；保护与修复管理试点工作管理；等等。

（1）水生态系统基本信息管理：水域及滨岸带的水生动物、浮游生物、沉水植物、鸟类、植被的名录及其种群构成情况，水生态系统的生境分布情况、水生态系统的胁迫因子及其来源等。

（2）水生态保护与修复动态信息管理：对已启动和规划启动的水生态保护与修复工作进行动态信息管理，及时掌握相关工作的开展进度，为相关政策的制定奠定基础。

（3）保护与修复工程信息管理：对保护与修复工作的实时进度和完成情况进行管理，以保障相关工程的如期完成。对已建成保护与修复工程的运行情况和长效管理情况进行管理，指导地方开展工作，及时总结地方工程建设运行经验。

（4）保护与修复评估以及体系建设管理：选取水生态系统的指示物种等关键性指标，对其进行长期动态监测，并以此为基础，对保护与修复工作进行全面评估，以利于保护工作的持续改进。同时，要加强水生态评估与监测体系的建设，加大对基层的培训力度，将行之有效的监测与评估手段进行推广。

4. 水资源应急管理

水资源应急管理是突发灾害事件时的水资源管理工作，综合利用水资源信息采集与传输的应急机制、数据存储的备份机制和监控中心的安全机制，针对不同类型突发事件提出相应的应急响应方案和处置措施，最大限度地保证供水安全。突发灾害事件包括重大水污染事件、重大工程事件、重大自然灾害（如雨雪冰冻、地震海啸、台风等）以及重大人为灾害事件等。

（1）应急信息服务：对各种紧急状况应急监测的信息进行接收处理、实况综合监视与预警、统计分析等，以积极应对各种突发状况和事故。

（2）应急预案管理：按照处理的出险类型，如运行险情、工程安全险情、水质突发污染事故，以及特殊供水需求时的应急调度等类型分门别类。对应急的发生、告警、方案制定、执行监督和实际效果等全过程进行档案管理，提供操作简单的应急预案调用等功能。

（3）应急调度：根据事实采集信息，判断事件类别，参考应急预案，提出应急响应参考方案，选定应急响应方案，将应急响应方案作为调度的边界条件，生成调度方案。应急调度包括运行险情应急调度方案编制、工程安全应急调度方案编制、水质应急调度方案编制和特殊需水要求下的应急调度方案编制等功能。

（4）应急会商：通过会议形式，以群体（包括会商决策人员、决策辅助人员以及其他相关人员）会商的方式，从所做出的应急方案中，协调各方甚至牺牲局部保护整体利益，进行群体决策，选择出满意的应急响应方案并付诸实施。

第五节　管理流程的关键节点规范化及支撑技术

水资源管理的关键管理流程节点是指水资源规范化管理过程中的关键环节和控制点。其中，水资源管理主要围绕取用水的管理（包括设项目水资源论证、取水许可管理、取水定额管理等内容）开展，水资源保护方面主要围绕入河排污总量控制开展，并通过水功能区水质监测来保障水资源的可持续利用。对于这些关键管理流程的问题分析和支撑技术框架设计阐述如下。

一、关键节点管理过程中存在的不足分析

以下对水资源管理环节中的核心工作流程，包括取水许可审批管理、取水总量监控、建设项目水资源论证管理、如何排污管理、水功能区水质监测等在实际开展实施过程中存在的管理问题和支撑手段的不足进行分析，这些核心工作流程中的支撑技术也可推而广之应用到其他管理工作流程中。对这些核心管理流程存在的不足分析如下。

1. 取水许可审批管理中存在的问题

1988 年颁布的《中华人民共和国水法》中规定，“国家对直接从地下或者江河、湖泊取水的，实行取水许可制度”，首次规定了我国实行取水许可制度，并明确实施的办法由国务院规定。1993 年国务院以 119 号令颁布了《取水许可制度实施办法》，这标志着我国取水许可制度的正式建立。取水许可制度是我国水资源管理的基本制度，水资源属于国家所有，由国务院代表国家行使所有权，凡是直接从江河、湖泊或者地下取水的单位和个人，都应当按照国务院规定，申请领取取水许可证，并向国家缴纳水资源费。取水许可和征收水资源费，是国家作为公共管理者和资源所有人，对有限自然资源开发利用进行调节的一种行政管理措施。目前我国水资源管理过程中主要存在以下问题：

（1）取水许可审批管理信息化程度不高，绝大多数省份取水许可审批管理技术手段依旧薄弱，取水许可审批管理信息化程度不高，取水信息的采集主要还是依靠人工录入，导致取水信息采集的时效性和精确性差；

（2）取水许可审批后的验收和管理工作不到位，部分地区取水许可审批管理还存在“重论证、轻验收”和“重发证、轻管理”的现象，在对用水户进行取水许可审批管理之后，对取水许可验收环节不够重视，在集中年审后，缺乏对取水户的跟踪监督检查，并且对用水计划的监督管理不够，取水许可监督管理未做到经常化和规范化。

2. 取水总量监控管理中存在的问题

对于取水总量的监控过程实际上也是对万元 GDP 取水量监控的过程，20 世纪末，万元 GDP 取水量开始用作社会用水指标。虽然我国针对万元 GDP 取水量提出了目标要求，但为了保证经济的增长，一直以来，我国水资源用水总量控制与定额管理都缺乏有效地协调保障体系。进入 21 世纪以来，由于水资源的总量保持总体稳定，这与社会用水总量日益增长的矛盾也日趋凸显，对工业取水总量的控制显得尤为迫切。水利部根据《中华人民共和国水法》制定了我国实施最严格的水资源管理制度，严格实行用水总量控制，强化取用水管理。水资源管理总量控制，是对水资源的使用权在一定额度上加以严格控制的指标体系，总量控制的目的是使资源地承载能力和环境地承载能力能够支撑经济社会可持续发展。目前，取水总量控制过程中，主要存在有以下问题：对用水户取水量数据采集技术力量薄弱，由于绝大多数省份尚未建立完整的取水许可管理数据库，取水信息传输系统和取水信息网络系统，取水信息的采集主要还是依靠人工录入，取水信息采集的时效性和精确性差，这导致各级水行政主管部门对取水单位信息、取水总量监控未能完全掌握，实施将取水总量控制指标细化到用水户一级时具有较大的难度。

3. 项目水资源论证管理中存在的问题

水利部和国家发展计划委员会于 2002 年出台了《建设项目水资源论证管理办法》（水利部 200 年第 15 号令，下称《管理办法》）。《管理办法》实施以来，在有关部门的大力支持下，经过各级水行政主管部门的努力，取得了显著成效。《管理办法》的实施在合理配置、高效利用，有效保护水资源，保证建设项目合理用水方面发挥了重要作用，为规范取水许可审批提供了技术依据。建设项目水资源论证管理中存在的问题主要有：建设项目水资源论证对建设项目的类型、规模考虑略显不足，需要进一步结合区域水资源条件与经济发展要求，突出水资源论证工作重点。此外，目前我国绝大多数建设项目的水资源论证对已建、在建及拟建项目的综合影响较少统筹考虑，需要进一步加强对建设项目取水、用水以及退水影响的分析。避免出现重视取水、忽视退水，重视用水、忽视节水，重视区域配置、忽视流域配置，重视经济用水、忽视生态用水等现象。

4. 入河排污管理中存在的问题

我国的《水法》《水污染防治法》《河道管理条例及入河排污口监督管理办法》等有关法律法规对入河排污口管理有明确的规定。但有些法律法规还需要各个省出台相应的配套管理办法，如我国大多数省份排污口设置缺乏统一规划，在饮用水水源区内仍设入河排污口的省份为数不少，另外也缺乏配套管理技术与设备，给实际工作带来了困难。主要问题有：

（1）入河排污口的设置缺乏统一规划。目前企业入河排污口设置非常混乱和随意，冲沟、明渠、涵洞、暗沟和管道等入河排污口类型繁杂，一厂一口、一厂多口、暗管潜埋等现象很普遍，有的企业入河排污口繁多，给监测和管理工作增加了难度，并且在我国大部分省份的部分饮用水水源区内仍设有一定数量的排污口，严重威胁饮水安全。

（2）监测频次少，难以全面反映入河排污量季节变化。由于缺乏必要的管理办法与技术设备保障，入河排污口监测频次较低，有的地方仅调查时监测 1~2 次，很难全面反映季节性生产企业排污状况和城镇季节性排污的特点。

（3）入河排污口的废污水处理比例偏低，尽管对污染源的治理力度在加大，但工业企业超标排放或直排入河的情况并未得到完全控制。由于集污管网建设尚有一个过程，目前在规模较小的工业园区和乡镇范围直排入河的企业单位相对集中。企业类别以电子电器、金属、轻纺、食品、化工为主。大多省份超标排放的排污口仍较多，入河排污口的废污水处理比例偏低。

5. 水功能区水质监测管理中存在的问题

水质监测是为国家合理开发利用和保护水资源提供系统的水质资料的一项重要基础工作。《水法》规定，水行政主管部门必须按照国家资源与环境保护的有关法律法规和标准，拟定水资源保护规划；组织水功能区的划分和向饮水区等水域排污的控制；监测江河湖库的水量、水质，审定水域纳污能力；现在的《水资源公报》、水质月报、水质年报所用的就是这些资料，以及设备、人员、监测环境等都是基于这样的工作配备的。水质资料为水资源的可持续利用提供了必要依据。但各地在具体实施水质监测时受技术和设备的约束，还存在一些不足，主要有以下几点：

（1）监测断面偏少，监测手段单一，多数地方未建立水功能区监测断面，不能对水功能区的水质状况做出客观评价。此外，由于缺乏实时监测和应急监测的装备手段，不具备现场分析和跟踪监测调查等快速反应能力，在一些突发性水质污染事件面前，显得力不从心。水质信息采集、传输、处理的手段比较落后，从现场取样，实验室分析到数据处理，多沿用人工作业，耗费时间长，不能及时从中发现问题。水质监测实验室尚未建立计算机自动管理系统，监测管理缺乏先进技术的支撑，信息化水平低。

（2）监测条件落后，缺乏量质统一监测信息，开展水质监测需要建立水质分析化验室，对水质站提取的水质进行分析化验。每个实验室都需要大量的监测仪器，而且需要配备专业的采送样车辆。针对上述要求，大多数省份普遍存在实验室建设标准低、面积不足、结构布局不合理、供水供电通风故障多的现象，仪器设备的配备与所承担任务极不相称，仪器设备老化严重，在不同程度上存在因性能不稳定等原因而无法正常使用等问题。

二、关键管理节点支撑技术框架及内容

通过对上述问题分析，我们可以发现，目前在水资源关键管理节点的监管技术上存在一系列问题，包括信息化程度低、监管技术手段薄弱、设备与条件较为落后。由于缺乏必要的设备与技术支持，导致监控手段略显单一，监管频率也较低，另外，由于监管设备、技术与规范等的不对称，可能导致采集到的信息也不对称，大大降低工作效率。因此，对于这些关键的管理流程节点中使用的监管技术有必要建立相应的技术标准，对这些关键的管理节点进行规范化指导，从而提高工作效率和工作精度，达到事半功倍的效果。

以水资源取、用排管理作为整体考虑，针对取水许可、建设项目论证、用水总量控制、入河排污管理、水功能区水质监测等水资源管理的关键流程中监管技术所使用到地设施、装备、工具及信息系统等技术建立起标准化的支撑技术框架。

在水资源保护管理方面，对于排污口要安装计量设施，对企业的排放总量进行监控，对于排放的水需通过安装自动化的水质监控设备判断水质是否经过处理后才能排放。通过开展水源地的绿色评价，对水源地的生态环境提出统一的要求，并通过生态监测进行水功能区水质的定期检测，通过安装实施自动水质监测设施对水质安全建立预警制度，建立水质监测点，设立警示牌。

三、水资源管理信息系统

采用信息化手段是进行水资源一体化管理的重要前提，水资源业务管理服务于供水管理、用水管理、水资源保护、水资源统计管理等各项日常业务处理，主要包括：水源地管理、地下水管理、水资源论证管理、取水许可管理、水资源费征收使用管理、计划用水和节约用水管理、水功能区管理、入河排污口管理、水生态系统保护与修复管理、水资源规划管理、水资源信息统计等业务内容。实现以上业务处理过程的电子化、网络化，使之具有快速汇总、准确统计、科学分析、便捷查询、及时上报、美观打印等功能，可以提高业务人员的工作效率，构建协同工作的环境，逐步实现水资源的一体化管理。

四、将条码技术应用于取水管理

将每个取水用户的取水许可证与该用户的取水信息进行绑定，把条形码管理手段应用用于取水许可证的管理。每个取水许可证与唯一的二维条形码相对应，条形码可连接数据库信息，通过扫描取水许可证条形码，可获得该取水许可证所对应的取水用户信息、取水许可证号、取水许可证状态、取水许可证有效期、年取水量信息、取水量历史信息、取水口信息、排污口信息等。

对于取水口、排污口和取水许可证，可通过二维条码进行编码，并将编码信息打印在取水许可证上，并建立在取水口和排污口附近。在实际监督检测中对企业是否合法取水、许可取水与实际是否一致，排污是否许可等行为进行监督检查时可以通过 CCD 阅读器直接对二维条码进行扫描，通过 GPRS 网络获取数据库数据进行比对，提高监管效率和准确性。

二维条码是用某种特定的几何图形按一定规律在平面（二维方向）上分布的黑白相间的图形记录数据符号信息的。

二维条码在代码编制上巧妙地利用构成计算机内部逻辑基础的“0”“1”比特流的概念，使用若干个与二进制相对应的几何形体来表示文字数值信息，通过图像输入设备或光电扫描设备自动识读以实现信息自动处理，它具有条码技术的一些共性：每种码制有其特定的字符集，每个字符占有一定的宽度，具有一定的校验功能等。

以取水许可证编码为例，说明二维条码的应用过程，再通过企业取水许可审核之后，在颁发的取水许可证上打印二维条码，二维条码中标注了取水户所属行业、用水性质、取用水量、取水口位置、节约用水情况、法人登记资料和产品、产量、取水口基本信息、取水水量及水质。在对企业进行年度取水资格审核时，就可以通过随身携带的 CCD 阅读器直接读取取水许可证上的信息与实际发生的取水内容是否相符合，并可以通过移动网络与水资源基础数据库进行信息的比对，防止作假、过期、篡改、套用等情况的发生，从而提高工作效率与审核结果的准确性。

五、水质水量信息自动采集系统

在水资源管理中，对企业取，排水的日常监督管理通常是通过对企业的取水口和排污口进行定期检测实现的，其中取水量和排污量是通过安装计量设施（流量计）来分析统计，排污口的水质分析是通过定期对排污口水质进行检测来分析企业排出的污水是否经过处理并达到一定的标准。

但目前存在的主要问题有：取排水计量设施安装率低，计量设施质量不过关并且老化现象严重，采集的数据非实时数据，由此造成了基础数据的不准确，这也导致了计量管理制度不完善、计量管理工作不到位的现象。水质检测频率较低，企业偷排污水现象时有发生，对周边群众的生产生活造成了较大的影响，从而导致周边群众与企业关系紧张，上访事件时有发生，甚至屡见于新闻媒体。因此有必要采用新的技术对此项工作进行创新性的变革，这里可以采用通信、计算机信息系统、采集器和分析器来组建一个水质分析及信息采集传输系统，从而对取水量、排污量、排污口水质进行动态的实时检测，第一时间掌握企业的取排水行为。

六、水源地绿色评估技术

饮用水质量是公众健康的基本保障，高质量的饮用水是健康生活的重要基础。随着时代的发展和社会的进步，公众的环境意识、生态意识、健康意识也不断提高，生态、绿色观念已为广大公众所接受，广大公众对水源地水质的要求也不断提高。因此，保障水源地水质安全、进一步提高饮用水质量，是切实落实科学发展观、进一步促进我国社会经济快速发展的前提与基本要求。

为此，需要通过推行水源地绿色评估技术来加强供水水源地管理。绿色水源地是指遵循可持续发展原则，对水源地从集雨区到库区、从水质评价到生态系统健康开展全面评价，在自然环境、生态系统、人类活动三个方面确保水源地原水的安全、健康、优质。经水行政主管部门认定后的水源地，可称为绿色水源地。

七、水功能区生态监测及安全预警

上述水源地绿色评估技术从水源的可获得性及可供应量、水源的生产过程及人类活动的影响、生态系统健康及其可持续性三方面展开评价，主要目的是规划和引导对水源地的保护。相对来说，水生态比水源地的概念小，并且关注的是水体本身，水生态相关的问题包括水污染及面积减少、湿地退化、河道断流、水污染加剧、地下水位持续下降等。对水生态进行监测是指为了解、分析、评价水循环系统中的生态状况而进行的监测工作，它是水生态保护和修复的基础和前期工作。

第六节　基础保证体系的规范化建设

一、经费保障

目前，我国各地水资源管理机构的办公条件普遍比较简陋，基础设施薄弱，加大资金投入是加强水资源管理部门设施建设的关键。各级水行政主管部门应当拓宽水资源管理工作经费渠道，落实水资源配置、节约、保护和管理等各项水资源管理工作专项工作经费，建立较完善的水资源工作经费保障制度，保障各项水资源管理工作顺利开展。水资源管理工作经费可以参照国土资源所工作经费保障方法，即以县为主，分级负担，省市补贴。省厅可积极争取省级财政的支持，扶持补贴的重点放在经济条件欠发达的地区。基础设施建设经费的筹措，以每个水资源管理机构 10 万元为基数，省、市、县三级按照 3 ∶ 3 ∶ 4 的比例来分担解决。各地要积极协调市、县级财政，从水资源收益中安排一定比例的资金，用于水资源管理机构的基础设施建设。通过各级水行政主管部门的共同努力，力争使水资源管理机构的硬件设施达到有办公场所，有交通和通信工具，改善办公条件，优化工作环境。有条件的地方可加大社会融资力度。亦可参照农业行政规范化建设工作经费保障方法，即省厅每年安排相应的经费，并采取省厅补一点、地方财政拿一点和市、县水行政主管部门自筹一点的办法，分期分批有重点地扶持配备相应的水资源管理设施，改善办公条件，提高管理能力。或者可参照生态环境部环保机构和队伍规范化建设的方法，在定编、定员的基础上，各级水资源管理机构的人员经费（包括基本工资、补助工资、职工福利费、住房公积金和社会保障费等）和专项经费，要全额纳入各级财政的年度经费预算。各级财政结合本地区的实际情况，对水资源管理机构正常运转所需经费予以必要保障。水资源管理机构编制内人员经费开支标准按当地人事、财政部门有关规定执行。各级财政部门对水资源管理机构开展的水资源的配置、节约、保护所需公用经费给予重点保障。

二、装备保障

完善水资源管理机构的办公设施，根据基层水资源管理机构的工作性质和职责，改善办公条件，加强自身监督管理能力建设。各水资源管理机构要尽快配齐交通工具、通信工具和电脑网络等设备，实现现代化办公，切实提高工作效率。各级水资源管理机构、节约用水办公室和水资源管理事业单位应根据至少 10 平方米 / 人的标准设置办公场所，并配备相应的专用档案资料室，为改善工作环境，办公场所应配置空调；应结合当地的经济状况和管理范围、人员规模、工作任务情况，根据实际工作需求，配置工作（交通）车辆，在配备工作、生产（交通）车辆的同时，须制定相关的车辆使用、维护保养规章制度，使车辆发挥最大效益；应配备必要的现代办公设备，主要包括微型计算机、打印机投影仪、扫描仪等；应配备传真机、数码相机等记录设备；应根据相关专业要求配置 GPS 定位仪、便携式流量仪、水质分析仪、勘测箱等专用测试仪器、设备，选用仪器适用工作任务需满足精度和可靠度的要求，装备基础保障的配置要求。

三、设施保障

建设与水资源信息化管理相配套的主要水域重点闸站水位、流量、取水大户取水量、重点入河排污口污水排放量、水质监测等数据自动采集和传输设施，配备信息化管理网络平台建设所需要的相关设备。根据水功能区和地下水管理需要，在水文部门设立水文站网的基础上，增设必要的地下水水位、水质、水功能区和入河排污口水质站网。有条件的地区，水资源管理机构应当设立化验室，对水功能区和入河排污口进行定时取样化验，以提高水资源保护监控力度。

四、信息化保障

伴随着经济发展与科学技术的进步，势必要加强水资源管理工作中的信息管理建设和采用先进的信息技术手段。信息化正在深刻地改变着人类生存、生活、生产的方式。信息化正在成为当今世界发展的最新潮流。水资源信息化是实现水资源开发和管理现代化的重要途径，而实现信息化的关键途径则是数字化，即实现水资源数字化管理。水资源数字化管理就是利用现代信息技术管理水资源，提高水资源管理的效率。数字河流湖泊、工程仿真模拟、遥感监测、决策支持系统等是水资源数字化管理的重要内容。为了有效提高水资源管理机构利用信息化手段强化社会管理与公共服务，必须具备必需的信息化基础设施，包括相应的网络环境与硬件设备保障。

五、完善最严格水资源管理制度体系的措施探讨

针对我国经济社会快速发展与资源环境矛盾日益突出的严峻形势，全国水利系统认真贯彻中央水利工作方针，积极践行可持续发展治水思路，不断完善政策法规，强化落实各项管理制度，大力推进节水型社会建设，努力深化改革和不断创新，水资源管理制度建设取得了新的突破性进展。

1. 法律法规逐步健全

《水法》的颁布实施，确立了国家水资源管理体制和基本制度，水资源管理被纳入法制化轨道，开启了我国水资源管理事业的新篇章。2002 年修订后的《水法》进一步强化了流域水资源统一管理，把节约用水和水资源保护放在突出位置，确立了国家水资源管理各项法律制度。《取水许可和水资源费征收管理条例》、《入河排污口监督管理办法》、《太湖流域管理条例》等法规的颁布实施，进一步强化了水资源合理配置、节约和保护，初步建立了以《水法》为核心的水资源管理法律法规体系，为水资源管理规范化建设提供了法律依据。

2. 水资源节约保护氛围渐浓

“十一五”期间，国家积极推进资源节约型和环境友好型社会建设，大力推进节能减排，单位工业增加值用水量等指标被列为“十一五”规划约束性指标，纳入国家节能降耗考核体系，全面开展节水型社会建设。2011 年，中央一号文件《关于加快水利改革发展的决定》出台，党中央、国务院对水利改革发展做出战略部署，提出了实行最严格水资源管理制度的要求，对水资源管理规范化建设给予了政策支持。

3. 人员机构初具规模

我国已逐步建立了中央、流域、省、市、县 5 级水资源管理体系，流域水资源保护局

相继成立，许多地方也设置了水资源管理机构，充实了水资源管理专业人员，各地积极理顺水资源管理体制，探索深化水务一体化管理体制改革。目前，水资源管理的机构设置和人员配备已初具规模，为水资源管理规范化建设提供了人才支撑。

4. 业务开展日益规范

我国积极探索水权制度改革，在宁夏、内蒙古开展了水权转换试点工作；建设项目水资源论证制度创立和规划水资源论证试点，有力强化了水资源调控管理手段。目前，水资源统一调度、节水型社会建设及水资源保护工作取得了明显成效。水资源评价、规划、论证，水功能区划分，城市水系整治等一批技术标准也相继颁布实施。同时，内部管理制度也逐步完善。水资源管理业务开展已步入正轨，为水资源管理规范化建设奠定了工作基础。

（一）我国水资源管理存在的问题

目前，我国的水资源管理脱胎于传统的水资源开发利用与水文监测，是以工程水利或传统水利为基础的，其管理思想、技术依赖于传统的水利管理，管理思想以工程管理为基础，缺少经济、法律、文化方面的思想基础，长期以来形成的管理思路与技术深刻地影响着水资源管理，与当今快速变化的经济、社会形势有一定的距离；同时，管理方式陈旧、手段落后，如信息技术的应用、数据处理、监测评价手段远远落后于社会的要求，与水资源的重要性极不相适应。因此，必须通过在水资源管理机构、制度建设、行为规范、支撑能力建设、保障机制等方面全面实施规范化管理，不断提升水资源管理工作效率和快速反应能力，从整体上全面提高水资源管理水平，适应经济社会的快速发展。

（二）完善最严格水资源管理制度体系对策措施

完善最严格水资源管理制度体系对策措施可以从以下几点分析。

1. 法律法规方面

（1）水法规要与公共法律相衔接。多年来的水资源管理工作表明，对偷窃水资源尤其是大量宝贵地下水资源的行为，采取“以罚代刑”的措施已经不适应实行最严格水资源管理制度的要求，同时，无资质施工擅自凿井很容易造成地下水污染。因此，水资源管理的专业法律制度要与《刑法》、《治安处罚法》、《行政监察法》等公共法律制度相衔接，增强法律的威慑力。建议在《刑法》中增设“破坏水资源罪和偷窃水资源罪”，并在《治安处罚法》中增设相应处罚条款，如在犯罪限量以内予以治安处罚，或是由最高人民法院对偷盗水资源以及破坏地下水水源结构做出《刑法》、《治安处罚法》的司法解释。在《行政监察法》中增加基层党政干部非法干预查处水事案件的责任追究制度，保障最严格水资源管理制度落到实处。

（2）完善《水法》配套法规、规章。应当加快与《水法》相配套的一系列法律和法规的建设。对应该进行水资源论证而未经论证环节直接审批的相关人员及未经审批擅自建设取水工程的建设单位、施工单位及主要责任人，应追究法律责任，并没收违法施工机具和违法所得；对流域水资源管理中存在的突出问题如流域管理机构的权限、流域管理与行政区域管理的地位及相互关系等，要从法律上予以明确规定。尤其是尽快研究出台各流域水量分配方案或调度条例；研究和制定水资源规划、用水总量控制、饮用水源保护、地下水管理、节约用水、跨流域调水、水权管理制度方面的法规、规章，提高最严格水资源管理制度的约束力、执行力和威慑力。

2. 宏观政策方面

（1）建立健全水生态补偿政策。我国的水生态补偿政策应当参照环保部门及日本生态补偿的做法，建立水资源保护补偿机制，进行财政转移支付，保护水生态，保障饮用水源地安全。建立入河排污总量超标的预警机制、行政责任，制订对下游地区的经济补偿标准和其他补偿措施。明确临河、跨河单位和个人的水体保洁责任与义务，考虑到违法排污行为的复杂性及水资源被污染后的长期危害性，建议明确对持续违法排污者，实行"累时倍罚"的责任追究制度；对持有效证据举报排污行为举报人的奖励方式等内容。

（2）延续国家税收和节水"三同时"政策。国家规定的企业节水项目税收优惠政策以及城市污水处理业务享受《财政部、国家税务总局、海关总署关于西部大开发税收优惠政策问题的通知》的税收优惠政策等已经到期，需要水利部门出面做好相关部门工作，使其得以延续。同时，管理部门要严格计划用水与定额管理，实行超计划用水累进加价制度，严格节水设施"三同时"制度。

（3）落实取用水总量超标限批政策。建立取用水总量已达到或超过控制指标地区的预警机制和流域与区域相协调的水资源管理制度体系，用以协调流域与区域内各省级水行政主管部门的关系；探讨按流域建立健全派驻水资源督察员或水资源保护监察职能的垂直管理机制，对水资源规划的编制、取用水审批、实施管理工作进行事前、事中和事后的监督，及时发现、制止和查处违法违规行为；严格取水许可程序以及区域规划和重大项目水资源论证，强化水资源论证监督管理，鼓励公众参与，实行水资源论证后评估制度及论证审查责任追究制度，严格控制地下水开发，严格水资源费征管制度。

3. 管理体制方面

水资源管理要重视人员队伍的培养建设，实现从国家层面到省、市、县的水资源管理组织机构全覆盖。在调查研究的基础上，根据水资源管理区的人口、面积、经济规模、水工程等要素，确定水资源管理机构的层次和人员编制，充实管理队伍和优化人员结构。

（1）顶层管理体系设计。水利部门可借鉴建设、环保、土地等部门的管理经验，更加注重顶层管理制度的研究和设计。大力充实政策发展研究中心、水资源管理中心等事业机构，加大水资源管理相关法规、政策、技术和制度的研究与推广力度；加强水资源管理法规和技术规范起草工作；熟悉水资源管理业务、相关法律法规、基层管理工作，培养具有强烈事业心的技术人员；加大全国水资源统一管理工作指导力度。同时，在流域层面设立水资源管理督察员制度，加强流域机构对水资源的科学调度、宏观配置、总量控制的监督管理和检查，将取水许可等具体管理工作交给地方负责，微观水资源管理由地方水行政主管部门进行。

（2）省级管理体系设计。省级水资源管理部门要适应省管县体制改革的要求，大力加强和充实水资源管理机构和人员，强化水资源区域配置、规范化建设管理的业务指导，研究区域的水量分配、水资源保护及节水技术集成。省管县体制改革后，市（州、盟）水资源管理部门及其执法技术力量可作为省级管理部门的派出机构，指导县级水资源管理工作。

（3）县级管理体系设计。县级水资源管理机构、人员结构及装备水平远远不能适应最严格水资源管理制度的要求，必须大力充实管理机构，调整管理队伍的人员结构，重点解决基层水资源管理的相关问题，依照公务员管理和财政供给保障制度，强化设施装备和基础管理能力建设，尽快适应最严格水资源管理制度的要求。

（4）人员资格准入。建立水资源管理从业人员资格准入、培训和更新制度。水资源管理工作具有较强的专业技术特征，水资源管理人员通过水利部组织的全国统一考试和考核，取得上岗资格证书。每年组织管理范围内的水资源管理工作人员参加的专业培训不少于2次。鼓励水资源管理人员通过各种途径学习，包括函授、脱产学习、委托培养、继续教育等，不断更新知识，提高服务本领。对已从事水资源管理的人员，要逐步经过省级以上机构举办的统一培训、考试、考核，取得上岗证书。淘汰连续考试未取得水资源管理从业人员资格以及不适合水资源管理岗位的人员。

4. 科技支撑方面

我国水资源工程与科学技术总体处在国际先进水平，特别是在水资源配置技术以及大型水资源调配工程等技术领域达到国际领先水平。中科院已制定了《我国至2050年水资源领域科技发展路线图》。水资源能力建设是最严格水资源管理的基础，重点是面向实行最严格水资源管理制度需求的科技成果推广。

（1）遥感技术的应用。目前遥感技术已得到广泛应用，在水资源管理工作中，监控能力建设是管理和考核的基础，应当重点强化。建议将遥感技术和物联网技术应用于防止河湖被非法侵占、重要水利工程和重点取水口、排污口的监控和管理，逐步建设县级以上行政区域交界处的水量、水质自动监测设施。

（2）建立健全水资源管理决策支持系统。建立水资源管理“三条红线”预警机制，实现水资源原始数据的内网传输和报表自动生成汇总，为不同层级水资源管理部门和政府决策提供技术依据。同时，要出台扶持水资源高效利用的节水、污水处理、生产废污水“零排放”等科研成果和技术的推广政策。

5. 规范化管理方面

水资源规范化管理是水行政主管部门提高管理效率的重要手段，是实行最严格水资源管理制度的基础平台和必备条件，其重点是增强实行最严格水资源管理制度的执行力，最终目标是实行最严格水资源管理制度。

（1）建立一整套规范化管理标准。国家要考虑制定《水资源管理现代化标准通则》，各省结合实际、因地制宜地制定《水资源管理现代化标准》，量化目标，细化行为，明确水资源管理能力建设的具体内容，促使基层水资源管理工作有据可循，将ISO9001质量认证体系导入水资源管理全过程。在《我国节水技术大纲》的基础上，国家要考虑出台《我国水资源开发与保护技术大纲》，并针对科技迅猛发展的实际，对两个大纲更新修订一次，推动各地采用节水、水资源开发与保护新技术、新工艺、新设备；各地要重视水平衡测试工作，将其作为用水效率控制的重要抓手。

（2）建立水资源管理规范化建设分级分类验收标准。可借鉴山东、江苏水资源管理和全国水利工程管理单位达标考核标准的经验，在管理内容上，围绕“三条红线”，结合饮用水安全等方面建立全国水资源管理规范化建设指标体系。在指标的尺度上，充分考虑南北和东西差异，进行分类。建立水资源管理规范化建设国家（一级）、省（直辖市、自治区）（二级）和市（州、盟）（三级）验收标准，对在建设中达到相应验收标准的，给予补助或奖励，以此推动全国水资源管理规范化建设全面开展。

6. 行政执法方面

目前，水政执法工作的现状与实行最严格水资源管理制度的要求还有较大差距。，水利部门普遍对这一块重视不够，地方水利公安队伍的撤销、水政监察装备投入不足以及执法人员缺乏应有的基本素质是制约水政执法的主因，地方经济发展中的行政干预也是一个重要因素。水政执法涉及水工程、水资源、法律、经济、管理以及心理学等综合知识，但到目前为止，部属及地方院校水利专业中没有开设系统的水政执法专业学科，现有执法人员往往只接受了短期培训。由于巡查装备和制度建设不到位等因素，多数水事案件未能通过巡查而将其制止在萌芽状态，举报案件在总案件中占比不到二成。建议在完善国家相关涉水法律法规的基础上，参照森林公安的做法，重新组建水利公安队伍；同时，建议水利院校增设水政执法专业，将基层水政执法队伍纳入公务员队伍，加大其保障力度，实施严格的资格准入制度并实现专职人员着装执法，落实其巡查监察责任和执法待遇，加大水资源管理、节约和保护的执法力度。

7. 考核机制方面

（1）确立考核指标的科学性。深入研究考核指标对地方政府的引导作用，增强其可操作性。用水总量是一条红线，建议在具体考核中增加用水计量率、完好率等工作指标，每个大的指标下面可有多个二级指标，考核重点在二级指标，这样才可操作。建议将农田灌溉水有效利用系数分解成单位粮食产量耗水量、当年节水灌溉投入、节水灌溉工程总体规模等指标；建议以水功能区达标的提高率替代水功能区达标率，以万元工业增加值用水量递减率替代万元工业增加值用水量。同时，考虑地方政府保障措施落实情况，监测设施投入和运行情况，以及“三条红线”管理阶段性目标任务完成情况等。

（2）确立考核的权威性。建议国务院办公厅出台《实行最严格水资源管理制度考核办法》，从国家层面明确考核对象和组织、考核内容、评定等级、考核方式、奖惩措施等。各地政府出台本地水资源管理考核细则，作为地方政府主要负责人政绩评价的重要依据，实行考核结果通报制度。水利部对地方水行政主管部门主要是业务考核，要把基础管理工作、依法管水和工作创新作为主要考核内容。

（3）彰显考核的激励性。建立良好的考核机制，关键是如何将管理责任落实到地方政府，让地方政府在千头万绪的工作中真正把水资源管理工作重视起来。奖优罚劣、奖惩到位才能有效促进水资源管理规范化建设，建议将考核结果通过新闻媒体予以通报，并由政府召开年度水资源管理工作会议，对水资源管理工作中涌现的先进典型予以表彰奖励，对上一年度取得的成果予以总结提高，对存在的问题及时剖析并提出改进指导意见，更好地推动水资源管理工作向纵深发展。

六、当前水资源管理中存在的问题及对策研究

对水资源进行开发是各个领域充分理解水资源的基础，但对水资源的保护和管理却缺乏一定的主动性，很多区域的水资源并没有落实保护机制，并没有将水资源与其他各个生产系统进行融合，对水资源含义的理解存在片面性。水资源管理属于综合性学科，涉及水文学、管理学等多项学科内容。工作人员只有从上述多学科角度出发，才能够制定出科学合理的管理措施。

（一）水资源管理中存在的问题

1. 水资源管理体制滞后

随着人们对水资源需求量的不断增加，节水管理上呈现出了比较明显的滞后性，具体体现在以下几点：

（1）资金问题

我国暂时还没有针对水资源治理和管理的收费标准，很多管理制度也处于空白状态。在收缴税费过程中，工作人员的工作难度相当大，再加上水价本身就不高，所以导致住户及很多工业生产单位对水资源的保护和管理工作并不是特别重视，这也在一定程度上限制了我国水资源管理工作的有效开展。

（2）创新意识问题

水资源管理单位在实际运行中，并没有积极学习、借鉴先进的管理技术，也没有构建水资源管理人才队伍体系，使得多项管理工作制度都存在较为严重的不规范现象。

（3）制度问题

很多水资源管理单位在运行阶段，将关注点放在了水资源建设项目上，对已经建成的项目存在一定的忽视现象，这也使得水资源利用在项目运行中，缺乏健全的水资源管理体制，进而造成水资源浪费。而且，制度体系的缺失也使得水利工程的整体经济效益和社会效益受到不同程度的削弱。

2. 水资源污染

在我国当前水资源利用中，水资源污染现象非常严重，很多工业废水和生活污水在没有经过任何处理的情况下，直接被排放到了江河中，久而久之，就严重污染了水源，使得水污染的面积越来越大。近几年，经常有报道称，城市中很多区域的内河河水变臭，水体

浑浊，河水中的鱼虾生物几近消失。所以，在新时期水资源管理中，工作人员需要不断强化水资源管理工作，采取行之有效的措施，减少水资源污染问题。

3. 水资源管理体系

在对水资源进行管理的过程中，国家是水资源的所有者和管理者，因此需要由国家进行统一处理。各个机构在实际监管过程中，并没有对水资源的管理权责进行明确划分，存在协调制度缺失等现象，这也导致工作人员开发利用水资源的工作逐渐产生了谁开发谁利用的现象，这一状况也严重影响到了我国水资源的利用率。

4. 水资源利用率

由于水资源的使用价格相对较低，所以人们对水资源的重视程度不是很高，水资源浪费现象也是越来越严重，久而久之，必然会影响到我国社会各个领域的全面发展。由于我国是农业大国，大部分区域的农业灌溉水资源都是免费的，即便有些区域收费，其费用也不到水资源总成本的 1/3。日常生活中，水资源成本在生活成本中占比很少，所以人们对水资源的保护意识非常淡薄。

（二）水资源管理对策

1. 减少对水资源的污染

这一点要求技术人员全面落实污染控制规划制度，并在这一制度的基础上，各个区域还需要承担起水资源管理工作的相关职责。针对各级各个区域的实际水资源管理情况，构建一个相对完善的排污机制体系。体系的执行需要以国家的法律制度为依据，提升企业对水资源保护的关注程度，并在实际生产经营过程中，积极引进先进的技术手段，加强污水处理力度。要创建相对全面的工业污染管理制度，这一管理制度的落实对于提升工业污染管理效率来说，是非常有帮助的。

2. 构建统一的水资源管理运作机制

人们的日常生活、工作与水资源是分不开的。工作人员想要提升水资源的管理效率，就一定要制定针对性强的水资源管理运作机制，进而提升机制的统一性，为各个区域有序开展水资源管理提供有效的依据，以便在利用水生态资源的过程中实现秩序化。

3. 构建科学合理的水资源法制体系

我国实施的《水法》存在一定的局限性，未能对社会各个领域的水资源利用及污水处理问题进行规定。水资源在管理力度上存在薄弱环节，而这一环节需要健全的法律法规来对其进行强化处理。要进一步加大水资源的检查力度，对浪费水资源的行为进行严惩。

4. 提高人们的节水观念

针对当前水资源利用率低的问题，在积极进行水资源管理过程中，一定要全面提升广大群众的节水观念。水资源的管理者要加大对节水的宣传，利用多种手段来宣传水资源保护的重要性，提升人们对水资源的关注程度，这也是从整体上提升水资源利用率及管理水平的有效措施。相关水资源管理部门还需要制定节水计划，实时调整水价，并在此基础上，创建水资源节约意识平台，为我国实现水资源的供需平衡提供帮助。需要注意的是，由于我国属于农业大国，农业的发展对水资源的需求量非常大。因此，在强化水资源管理工作中，一定要从农业的角度入手，全面推广节水农业。推广过程不仅促进了农业增长方式的转变，而且实现了农业的可持续发展。对农村地区的自然降水收集力度也要不断增强，有条件的区域还要建造污水处理池，这样做，可以对生活用水及自然降水进行科学处理，并将处理后的水资源用于农业灌溉中，实现对水资源的合理配置，将很多农艺技术手段与水资源处理技术进行了紧密结合。

5. 大力推广和执行河长制及水资源三条红线考核制度

目前，全国已经成立各省、自治区、直辖市河长制办公室，大力推行地方一把手负责制，并按行政区管辖分配各段河流的干、支流河长负责制。同时，各地方开始组织编制“一河（湖）一策”方案编制工作，为流域治理提供政策依据。严格按照水资源三条红线制度考核地方政府，控制各个地方过度开发利用水资源的行为，为今后我国水资源管理制度及水资源开发利用进行了有益的尝试，走出了一条有我国特色的制度创新道路。

第六章　水生态修复技术

第一节　资源涵养与水生态修复微生物措施

一、微生物水质净化机理

微生物净化污水的原理是通过微生物的新陈代谢活动，将污水中的有机物分解，从而达到净化污水的目的。

（一）微生物水质净化机理

微生物通过新陈代谢净化水质，新陈代谢的类型分为需氧型和厌氧型两种。需氧净化即有氧气存在的条件下，好氧微生物通过分解代谢、合成代谢和物质矿物化，能把污水中的有机物氧化分解成二氧化碳和水等，同时从中获得碳源、氮源、磷源和能量等。因此污水的需氧净化处理，就是模拟这种生物净化原理，把微生物培养在一定的构筑物内并通气，从而达到高效净化污水的目的。

厌氧净化即微生物在严格无氧条件下，对有机物质发酵或消化，将大部分有机物分解成氢气、二氧化碳、硫化氢和甲烷等气体。污水的微生物厌氧净化处理，就是根据污水经厌氧发酵既得到净化，又获得生物能源甲烷的原理，在密闭容器内，使微生物在污水中发酵，从而达到有效净化污水的目的。厌氧发酵法常被应用在有机物含量高或含不溶性有机物较多的污水或废水的净化，如人们对造纸、抗生素发酵的废水处理。

（二）微生物在净化污水中的作用

微生物是一个具有多功能的化学反应的群体，能够完成各种各样的化学反应，对于污水中难降解的污染物具有联合降解的群体优势，所以，微生物对污水的净化具有巨大的潜力。

微生物分解有机物的能力是惊人的。可以说，凡自然界中存在的有机物，几乎都能被微生物所分解。有些微生物，如葱头假单胞菌，甚至能降解九十种以上的有机物。石油是由许多种烃类化合物及少量其他天然有机物组成的复杂混合物，因微生物能分解各种烃类化合物和天然有机物，所以，微生物已成为降解和转化海洋油污的主要工具。据试验，在海面上扩展成薄层的石油，在 1~2 周内形成细菌菌落，2~3 个月内石油被分解后消失，每年几百万吨石油流入海洋，主要是由于微生物的降解作用而得以净化。自然界中能降解烃类的微生物有几百种，多数为细菌和酵母菌等真菌。降解作用是由它们所产生的酶或酶系完成，最后将烃类氧化成二氧化碳和水。

氰（腈）是剧毒物质，人们发现约有五十余种微生物对氰具有不同程度的降解能力。如诺卡氏菌等微生物对腈纶废水中的丙烯腈的降解速度快，效果好。再如，对生物毒性很大的甲基汞，能被抗汞微生物如 Pseudomonas K 62 菌株分解、转化为元素汞。有毒的酚类化合物也能被不少微生物作为营养物质利用、分解。

有些不易降解的农药，它们并不能支持微生物的生长，但它们有可能通过几种微生物的共代谢作用而得到部分的或全部的降解。如通过产气杆菌和氢单胞菌的共代谢作用，可将 DDT 转变成对氯苯乙酸，后者由其他微生物进一步分解。某些污染物对人体有致癌作用。如多环芳香烃、硝基化合物等。我国应用肠杆菌、克氏杆菌等细菌，处理制造三硝基甲苯炸药过程中的污水，效果极佳。

自然界中的微生物对人工合成的有机物不易被降解，因为它们缺乏分解人工合成的有机化合物的酶系。但人们经过对自然微生物的驯化和诱变，培育出了一些能降解人工合成的化合物的微生物，如 4-D 等化学农药可以用这样的微生物降解，从而消除农药污染。

为提高污水的生物净化效率，生物学家应用生物技术，对现有微生物进行基因改造，选育高效菌株，以提高对污水的净化能力。目前，人们已得到了黏乳产碱杆菌 S-2 和裂腈无色杆菌，它们对含腈废水有较强的分解能力，它们的腈去除率可达 90% 以上。此外还得到了可以降解三硝基甲苯（TNT）的芽孢杆菌和气杆菌，它们对 TNT 的转化率也达到 90% 以上。

在污水中，有机物质的含量往往很高，而缺少氮、磷等无机元素。为了解决这个问题，人们正在尝试培养能够在污水中生长的固氮菌株，以提高水中的氮元素的含量。此外，放线菌可以分解酚、吡啶、甘油醇、甾族、芳香族、石蜡等许多种复杂的有机物，因此也是一种很有前途的可用于污水处理的菌种。

现在，人们正在尝试把污水的净化与资源的再利用过程结合起来，达到一举两得的目的。例如，用酵母菌处理食品工业所排放的污水，同时生产酒精；用绿色木霉处理食品及林业部门产生的纤维素，同时生产出多糖等。

（三）微生物水质净化优势

微生物具有来源广、易培养、繁殖快、对环境适应性强、易变异的特征，在生产上能较容易地采集菌种进行培养繁殖，并在特定条件下进行驯化，使之适应不同的水质条件，从而通过微生物的新陈代谢使有机物无机化。加之微生物的生存条件温和，新陈代谢时不需要高温高压，它是不需要投加催化剂的。生物法具有废水处理量大、处理范围广运行费用相对较低等特点，所要投入的人力、物力比其他方法要少得多。在污水生物处理的人工生态系统中，物质的迁移转化效率之高是任何天然的或农业生态系统所不能比拟的。

二、污水处理中主要微生物种群及其应用

下面分析了污水处理中主要微生物种群及其应用。

（一）污水处理中主要微生物种群

1. 丝状细菌

丝状细菌能显著影响絮状活性污泥的沉降性（污泥膨胀）或引起生物量变化和泡沫形成（污泥发泡），从而严重影响活性污泥的处理效率。传统上，丝状细菌是通过光学显微镜学进行分析鉴定的，如革兰氏和奈瑟氏染色反应、典型的形态学特征等，但应用 full cycle rRNA 技术发现，传统形态学鉴定方法不能发现污水厂活性污泥中的许多丝状细菌。

系统发生树部分提供了丝状菌的系统发生亲缘关系，现在利用 rRNA 目标寡聚核苷酸探针能迅速地鉴定大多数丝状菌，证明在活性污泥中有些丝状菌呈现多态性现象。Kanagawa 等从活性污泥中分离出 15 种丝状菌，利用 16 S rDNA 序列分析表明变形杆菌亚纲的 Thiothrix 丝状菌形成单系群。发硫菌属丝状菌在污水中通常表现出生理多能性，在异养、兼性营养和化能自养情况下，它们都能同标记的乙酸盐或碳酸氢盐结合。在厌氧状况下（无论有无硝酸盐），发硫菌属丝状菌都很活跃，它通过吸收硫代硫酸盐和乙酸盐来形成胞内硫粒。

利用丝状菌的 FISH 探针，Mircothrix paricella 被发现有特殊的脂消费，在厌氧情况下，专门吸收长链脂肪酸（而不是短链脂肪酸和葡萄糖），随后当硝酸盐或氧可用作电子受体时，它们则使用贮存完成生长。不过，在厌氧情况下，M.paricella 不能吸收磷，不适合那些有除磷要求的生物反应器。利用 FISH 技术对丝状菌进行系统分类发现，大多数未描述的丝状菌属于绿色非硫细菌，也可能是污水生物处理系统中丰度最高的丝状菌。新近发展的一种定量 FISH，对实验室和污水厂反应器中的丝状菌进行了研究，以增加浮游球衣菌的方式来刺激污泥膨胀。

2. 除磷细菌

除磷可以在 EBPR 的微生物途径中完成，该过程通过循环活性污泥进行交替的厌氧，需氧为特征。基于微生物的纯培养技术，变形杆菌纲 r 亚纲的不动杆菌属长期被认为是唯一的反硝化除磷菌（PAO），但实际上，虽然不动杆菌能积累多聚磷酸盐，却没有 PAO 的典型代谢方式。用 rRNA 目的探针测试后发现，主要的 PAO 应该为口亚纲中的 Rhocloeyelus 群，其次为亚纲中的 Planctomycete 群及屈挠杆菌属（Flexibact-er）、CFB 群等。利用荧光抗体染色、呼吸醌检测和属特异探针的 FISH 等非培养方法，证明在 EBPR 系统中，由于培养偏差，显然高估了不动杆菌的相对丰度，表明其对 EBPR 系统实际上不是最重要的，而另外一些分离出的细菌才是 PAO 的候选者。不过，有 7 个 Acinembacter 新种从活性污泥中分离到，可望进一步阐释该属在脱磷中扮演的角色和意义。

积磷小月菌是一个高 G+C 含量的革兰氏阳性菌，被认为是专性好氧菌，可以通过 EMP 途径发酵葡萄糖为乙酸，而不能够在厌氧情况下生长，有明显吸收葡萄糖分泌乙酸的功能，导致胞内乙酸积累；产生的乙酸在随后的好氧阶段消耗掉。Phospho-varus 表现出卓越的吸收和释放磷的能力。

3. 硝化细菌

氮循环是高度依赖微生物活性和转化的一个过程，这类微生物在污水处理、农业等领域具有极其重要的作用，因此成为近年来研究的热点，变形杆菌的 β 亚纲几乎已经成为微生物生态学的模式系统。Kindaichi 等对自养硝化生物膜进行了 FISH 分析表明，膜上有 50% 属于硝化细菌，其余 50% 为异养细菌，分别为变形杆菌 α 亚纲 23%，γ 亚纲 13%，绿色非硫细菌 9%，CFB 群 2%，未定类群 3%。该结果表明，硝化细菌通过可溶性产物的产生支持了异养菌，异养菌也从代谢多样性等方面确保了生物膜的生态稳定性。从培养角度来说，硝化细菌生长极慢，由于硝化细菌的分布与 pH、温度等敏感，所以污水厂的硝化作用常有崩溃的情况发生。

（1）氨氧化菌

基于 16 S rDNA 序列分析，已经分离和描述过的氨氧化细菌都分属于变形杆菌纲的 2 个单系群，Ni-trosococcusoceanus 和 Nhalophilus 属于 Protcobacteria 的 β 亚纲，包括亚硝化单胞菌属、亚硝化螺菌属、亚硝化弧菌属和亚硝化叶菌属，后 3 个属关系密切；而 Nitrosococcus mobilis 则在 β 亚纲组成紧密相关的集合。

（2）亚硝酸氧化菌

基于超微特性，已培养出的亚硝酸氧化菌被分为 4 个已知属，硝化杆菌属、硝化刺菌属、硝化球菌属和硝化螺菌属。以 Nitrospira 序列发展的特定 16 S rRNA 探针，对活性污泥进行 FISH 查后表明，未培养的类硝化螺菌以显著性数目（总菌数的 9%）存在，其对亚硝酸盐氧化的重要性已由反应器富集研究所证实。

（3）反硝化细菌

反硝化细菌的大多数鉴定和计数都是依赖培养法。很多属的成员，如产碱杆菌属、假单胞菌属、甲基杆菌属、副球菌属和生丝微菌属等，都从污水厂中作为脱氮微生物群分离出来过，但这些细菌属在污水厂中是否具有原位脱氮的活性却很少被知道。

（二）水污染物类型及微生物处理方式

1. 生活污水

生活污水是一大污染源。生活污水中含有大量的无机物、有机物。无机物如氯化物，硫酸盐，磷酸盐和钠、钾、钙、铁等碳酸盐，有机物有纤维素、淀粉、脂肪、蛋白质和尿素等。被排放到环境中，能促使浮游植物生长和大量繁殖，形成赤潮和水华。生活污水的处理主要是其中有机物的分解，其主要方法有活性污泥法、生物膜法、AB 法。

（1）活性污泥法。活性污泥法是以活性污泥为主体的废水生物处理的主要方法。活性污泥法是向废水中连续通入空气，经一定时间后，因好氧性微生物繁殖而形成的污泥状絮凝物。其上栖息着以菌胶团为主的微生物群，具有很强的吸附与氧化有机物的能力。

（2）生物膜法。生物膜法是利用附着生长于某些固体物表面的微生物（即生物膜）进行有机污水处理的方法。生物膜是由高度密集的好氧菌、厌氧菌、兼性菌、真菌、原生动物以及藻类等组成的生态系统，其附着的固体介质称为滤料或载体。生物膜自滤料向外可分为厌气层、好气层、附着水层运动水层。生物膜法的原理是，生物膜首先吸附附着水层有机物，由好气层的好气菌将其分解，再进入厌气层进行厌气分解，流动水层则将老化的生物膜冲掉以生长新的生物膜，如此往复以达到净化污水的目的。生物膜法具有以下特点：1）对水量、水质、水温变动适应性强；2）处理效果好并具良好硝化功能；3）污泥量小（约为活性污泥法的 3/4）且易于固液分离；4）动力费用省。

（3）AB 法。AB 法工艺由德国 BOHUKE 教授首先开发。该工艺将曝气池分为高低负荷两段，各有独立的沉淀和污泥回流系统。高负荷段 A 段停留时间约 20~40 分钟，以生物絮凝吸附作用为主，同时发生不完全氧化反应，生物主要为短世代的细菌群落，去除 BOD 达 50% 以上。B 段与常规活性污泥相似，负荷较低，泥龄较长。

2. 工业废水

工业废水是水体污染的主要污染源。包括钢铁工业废水、食品工业废水、印刷废水化工废水等。随着工业化的发展，含有重金属离子的废水产生量越来越多。重金属离子已成为最重要、最常见的污染物之一。由于重金属在生物体内的富集、吸收与转化，从而通过食物链危害人体健康。如致癌、致畸等，故而处理重金属污染刻不容缓。

微生物处理技术在生活污水处理中的应用已经非常成熟并且全面普及，但是在工业污水的处理中还存在着一定的技术问题。相对于生活污水来说，工业污水的成分要复杂得多，大多数工业污水的 COD 值都相当高，可生化性差，这就给微生物处理带来了相当大的难度，有些工业污水甚至还有很高的氨指标，增加了微生物处理的难度。但是微生物技术的许多优势注定了它将是工业污水治理的一个方面，而且目前已经有很多行业的工业污水开始采用微生物处理技术并且得到了稳定的运行数据。

这里主要介绍关于污水中重金属的处理。目前可用的微生物法有生物吸附法、硫酸盐还原菌净化法和利用微生物的转化作用去除重金属。

（1）生物吸附法

生物吸附是利用生物量（如发酵工业的剩余菌体）通过物理化学机制，将金属吸附或通过细胞吸收并浓缩环境中的重金属离子，由于重金属具有毒性，如果浓度太高，活的微生物细胞就会被杀死。所以，必须控制被处理水的重金属浓度。如用小球藻富集铬离子，小球藻富集铬离子的机制主要是表面吸附和主动运输。在生长期和稳定期，小球藻富集的铬以有机铬的形式存在；在衰亡期，小球藻富集的铬以无机铬的形式存在。利用工业发酵后剩余的芽孢杆菌菌体或酵母菌吸附重金属，具体做法是首先用碱处理菌体，以便增加其吸附重金属的能力。然后通过化学交联法固定这些细胞，固定化的芽孢杆菌对重金属的吸附没有选择性（微生物在结合无机污染物上表现出选择性，多于大多数合成的化学吸附剂，微生物对金属的吸附和累积主要取决于不同配位体结合部位对金属的选择性）。可以去除废水中的Cd、Cr、Cu、Hg、Ni、Pb、Zn，去除率可达99%。吸附在细胞上的重金属可以用硫酸洗脱，然后用化学方法回收重金属，经过碱处理后的固定化细胞还可以重新用于吸附重金属。

（2）硫酸盐还原菌净化法

脱硫弧菌属硫酸盐还原菌是厌氧化能细菌，它最大的特征就是在无自由氧的条件下，在有机质存在时，通过还原硫酸根变成硫化氢，从中获得生长能量而大量繁殖；繁殖的结果是使溶解度很大的硫酸盐变成了极难溶解的硫化物或硫化氢。这类细菌分布广泛，海洋、湖泊、河流及陆地上都能存在。在没有自由氧而有硫酸盐及有机物存在的地方它就能生长繁殖，其生长温度为25~35摄氏度，pH值为6.2~7.5，该细菌的作用是将废水中的硫酸根变成硫化氢，使废水中浓度较高的重金属Cu、Pb、Zn等转变为硫化物而沉淀，从而使废水中的重金属离子得以去除。

（3）利用微生物的转化作用去除重金属

微生物可以通过氧化作用、还原作用、甲基化作用和去烷基化作用对重金属和重金属类化合物进行转化。

细菌胞外的荚膜或黏膜层可产生多种胞外多聚体，胞外多聚体能够吸附自然条件下或废水处理设施中的重金属。其主要成分是多糖、蛋白质和核酸。

真菌的细胞壁内含几丁质，这种N-乙酰葡糖胺多聚体是一种有效的金属于放射性核素结合的生物吸附剂。经过氢氧化物处理的各类真菌暴露出来的几丁质、脱乙酰壳多糖和其他金属结合的配位体，形成菌丝层，可以有效地去除废水中的重金属。

六价铬具有强烈的毒性，其毒性是三价铬的100倍，而且能在人体内沉淀。由于六价铬很容易通过胞膜进入细胞，然后在细胞质、线粒体和细胞核中被还原为三价铬，三价铬在细胞内与蛋白质结合为稳定的物质并且和核酸相作用，而细胞外的三价铬是不能渗透细胞的，细菌利用细胞中的NADH作为还原剂，在厌氧或好氧的状态下，将六价铬还原为三价铬。如阴沟肠杆菌在厌氧的条件下能使六价铬还原为三价铬，三价铬可以通过沉淀反应与水分离而被去除。

3. 农业废水

农业废水面广而量大且分散。农田使用农药，化学农药主要是人工合成的生物外源性物质，很多农药对人类及其他生物来说，是有毒的，而且很多农药是不易生物降解的顽固性化合物。农药残留很难降解，人们在使用农药防止病虫草害的同时，也使粮食、蔬菜、瓜果等残留农药超标，污染严重，同时给非靶生物带来伤害，每年造成的农药中毒事件及职业性中毒病例不断增加。同时，农药厂排出的污水和施入农田的农药等也对环境造成严重的污染，破坏了生态平衡，影响了农业的可持续发展，威胁着人类的身心健康。农药不合理的大量使用给人类及生态环境造成了越来越严重的不良后果，农药的污染问题已成为全球关注的热点。因此，加强农药的生物降解研究、解决农药对环境及食物的污染问题，是人类当前迫切需要解决的课题之一。

（1）农业生产主要使用的农药类型

当前农业上使用的主要有机化合物农药。其中，有些已经禁止使用，如六六六、DDT等有机氯农药，还有一些正在逐步停止使用，如有机磷类中的甲胺磷等。

自然生态系统中存在着大量的，代谢类型各异的，具有很强适应能力的和能利用各种人工合成有机农药为碳源、氮源和能源生长的微生物，它们可以通过各种代谢途径把有机农药完全矿化或降解成无毒的其他成分，为人类去除农药污染和净化生态环境提供必要的条件。

（2）降解农药的微生物类群

土壤中的微生物，包括细菌、真菌、放线菌和藻类等，它们具有降解农药中有毒成分的作用。细菌由于其生化上的多种适应能力和容易诱发突变菌株，从而在农药降解中占有主要地位。在土壤、污水及高温堆肥体系中，对农药分解起主要作用的是细菌类，这与农药类型、微生物降解农药的能力和环境条件等有关，如在高温堆肥体系当中，由于高温阶段体系内部温度较高（大于 50 ℃），存活的主要是耐高温细菌，而此阶段也是农药降解最快的时期。通过微生物的作用，把环境中的有机污染物转化为 CO_2 和 H_2O 等无毒无害或毒性较小的其他物质。通过许多科研工作者的努力，已经分离得到了大量的可降解农药的微生物。不同的微生物类群降解农药的机理、途径和过程可能不同，下面简要介绍一下微生物降解农药的机理。

（3）微生物降解农药的机理

目前，对于微生物降解农药的研究主要集中于细菌上。

细菌降解农药的本质是酶促反应，即化合物通过一定的方式进入细菌体内，然后在各种酶的作用下，经过一系列的生理生化反应，最终将农药完全降解或分解成分子量较小的无毒或毒性较小的化合物的过程。如莠去津作为假单胞菌 ADP 菌株的唯一碳源，有 3 种酶参与了降解莠去津的前几步反应。第一种酶是 A tzA，催化莠去津水解脱氯的反应，得到无毒的羟基莠去津，此酶是莠去津生物降解的关键酶；第二种酶是 A tzB，催化羟基莠去津脱氯氨基反应，产生 N- 异丙基氰尿酰胺；第三种酶是 AtzC，催化 N- 异丙基氰尿酰胺生成氰尿酸和异丙胺。最终莠去津被降解为 CO2 和 NH_3。微生物所产生的酶系，有的是组成酶系，如门多萨假单胞菌 DR-8 对甲单脒农药的降解代谢，产生的酶主要分布于细胞壁和细胞膜组分；有的是诱导酶系，如王永杰等得到的有机磷农药广谱活性降解菌所产生的降解酶等。由于降解酶往往比产生该类酶的微生物菌体更能忍受异常环境条件，酶的降解效率远高于微生物本身，特别是对低浓度的农药，人们想利用降解酶作为净化农药污染的有效手段。但是，降解酶在土壤中容易受非生物变性、土壤吸附等作用而失活，难以长时间保持降解活性，而且酶在土壤中的移动性差，这都限制了降解酶在实际中的应用。现在许多试验已经证明，编码合成这些酶系的基因多数在质粒上，如，2，4-D 的生物降解，即由质粒携带的基因所控制。通过质粒上的基因与染色体上的基因的共同作用，在微生物体内降解农药。因此，利用分子生物学技术，可以人工构建“工程菌”，来更好地实现人类利用微生物降解农药的愿望。

三、生物栅修复技术

生物栅修复技术是指将火山岩、沸石、人工水草或者其他多孔径生态填料作为载体，有利于微生物生长附着，于水体中构建生物栅。生物栅为参与污染物净化的微生物、原生动物、小型浮游动物等提供附着生长条件。技术原理为藻菌生物技术、薄层接触氧化法和直接接触氧化法等生物膜技术。它是在固定支架上设置绳状生物接触材料，使大量参与污染物净化的生物在此生长，由于其固着生长而不易被大型水生动物和鱼类吞食，使单位体积的水体中生物数量成几何级数增加，大大强化了水体的净化能力。

（一）生物栅修复技术研究进展

生物栅修复技术是在生态浮床和人工湿地基础上发展起来的一种新型的水体原位修复技术，该修复技术结合了水生动植物和微生物的化学、生物和物理作用。与人工湿地技术修复景观水体相比，生物栅技术更适用于修复水动力条件波动大的景观水体，而且不会发生生物膜脱落阻塞装置或淤积现象。与生态浮床相比，生物栅系统因在浮床床体的下面添加了填料，增强了水体中污染物和微生物的传质，强化了处理效果，但在我国北方，生物栅对景观水中氮、磷、有机物的去除同生态浮床一样，受温度影响较大，如果不及时收割，枯叶和腐烂的根系会向水体再次释放污染物。所以生物栅在组建设计时，应考虑到床体的持久稳定性、植物的景观协调性、填料的强度和密度、建设与运营维护费用等方面。

填料作为生物栅处理系统最重要的核心部分，作为支撑载体，可以固定植物根系和为生物膜上的微生物生长提供附着基质，还可以作为污染物的传质介质。其性能直接关系到生物栅的使用与管理。通常情况下，组合填料具有性价比高、机械强度高、稳定性好等优点，植物作为生物栅系统的一个重要组成部分，可以提高生物栅对景观水体的去污效果，能增强其景观、经济和社会价值，选择适合生物栅的植物显得尤为重要。选择原则主要有：第一，生长繁殖能力强、成活率高、根系发达且抗倒伏；第二，适应能力强，能适应需要净化水体的水质条件和当地气候环境，最好从本地物种中择优选择。

国内在生物栅技术用于处理城市景观水体方面也做了一些研究，王国芳等以空心菜、三角帆蚌人工介质构建组合生态浮床处理湖水，发现引入三角帆蚌后，人工介质上的微生物活性得到提高、硝化细菌的基质条件有所改善，提高了脱氮效果。李秀艳等人的研究表明，当生物栅装置运行 48 h 时对 NH_4^+-N、TP 的去除率分别为 50.7% 和 82.4% 高于对照组 30.9% 和 23.5%，泥鳅在植物根系和填料间上下运动、往复穿梭，使得生物栅装置的复氧速率大于对照组。李伟等利用水生动物——河蚬、水生植物——空心菜、富集微生物的填料搭建组合生态浮床改善太湖梅梁湾湖水，结果表明当水力停留时间（HRT）为

7 d 时，组合生态浮床对湖水中的总藻毒素、胞外藻毒素、叶绿素 a 的去除率较高，达到 70% 以上，而 TOC、TIN、TP 的平均去除率只有 50% 左右。利用 ERIC-PCR 技术分析生物栅系统内微生物群落结构，研究表明，生物栅运行水体中污染物的去除率与功能细菌数量呈明显的正相关性，随着运行时间的延长，每个反应池中微生物种群都变得丰富、多样性指数和相似性指数不断增加。范改娜等人运用 PCR 技术研究氨氧化古菌和厌氧氨氧化菌在河流湿地氮循环过程中的作用，在海河支流北运河湿地中发现这两种细菌的存在，并构建 16SrRNA 克隆文库比较生物多样性，认为厌氧氨氧化菌的多样性较低，与已经探明的 Candidatus Brocadia fulgida 和 Candidatus Kuenenia sutgartiensis 的相似度高达 95% 以上。谢冰等人采用 PCR-DGGE 技术研究了芦苇人工湿地中底泥微生物的群落结构，结果显示优势微生物主要由 7 种芽孢杆菌构成，微生物多样性随季节变化明显，添加酶制剂和菌剂可以提高其多样性和污染物的降解效果。利用 PCR-DGGE 技术分别分析芦苇人工湿地和宽叶香蒲人工湿地，发现两个湿地植物根际均存在的菌属是 γ- 变形杆菌，前者还存在梭杆菌门、拟杆菌门和放线菌门，后者还存在壁厚菌门和 α- 变形杆菌，同时优势种属随着生存环境和位置的变化而变化。应用 PCR-DGGE 研究湿地内填料、植物根区、沉积物的硝化反硝化细菌的活性和群落结构，发现芦苇根区的硝酸盐减少速率最快，根区的硝化作用强于沉积物的，填料和根区的反硝化细菌群落结构差异显著，但不管环境如何变化，始终存在亚硝化单胞菌（Nitrosomonas）和海洋亚硝化单胞菌（Nitro-somonas marina）。通过运用传统培养法和 PCR-DGGE 技术对比垂直潜流人工湿地的三个处理单元的根际微生物数量和多样性彼此的差异和随时间的变化，发现两种方法均显示从 1 级到 3 级微生物数量表现为“低—高—低”，而传统培养法和分子生物法分别显示秋季和夏季微生物数量最多，BLAST 对比发现了与代谢分解有机物、脱氮和解磷作用相关的微生物。

（二）生物栅装置

生物栅装置步骤包括以下几方面。

1. 生物栅装置组建

装置上方有遮雨棚，在太阳光的照射下，植物自然生长，最大限度地接近实际工程。每个小试装置的长为 25 cm，宽为 25 cm，高为 60 cm，有效水深为 55 cm，有效体积为 34 L。每个小试验装置内上放一块长为 20 cm，宽为 20 cm，厚 8 cm 的聚苯乙烯泡沫塑料板作为床体，在其上开 4 个长为 3 cm，宽为 3 cm 的定植孔，孔与孔之间的距离为 10 cm，每个孔中放入 1~2 株植物，并用棉花辅助固定，孔下面挂有 4 串组合填料，每串上有 5 个盘片，直径为 8 cm，每个塑料盘片上有 8 个长 5 cm 的纤维填料，盘片间隔 8 cm。在做动态试验时，进水采用重力流高位水箱，使橡胶软管和反应器底部进水口相连，进水方式为下进上出式。在装置的正面每隔 10 cm 开有取样口，共 5 个。为防止反应器内滋生藻类，在装置的表面覆盖一层黑色塑料袋。在装置组建前，植物和填料先用清水洗干净，然后浸泡于试验原水中。待生物栅组建完成后，用试验原水培养 2 周，植物长出新的根系，填料挂膜成功后，再进行各指标的测定。

2. 供试植物

挺水植物的根系对水中悬浮物有一定的吸附作用，对氮、磷等营养盐有较好的吸收作用，同时植物根系向水中传输氧气，提高水体溶氧量，是净化水质较好的选择。这里举例几种常用的、净化效果好、成活率高、操作性强和景观效果好的几种植物：美人蕉、水葱、香蒲、黄花鸢尾。

（1）美人蕉，又名“红艳蕉”，原产于非洲和美洲热带，多年生直立草本植物，根茎粗壮，叶互生宽大，多分枝，有明显的节。叶呈椭圆形，长 10~30 cm，宽 5~15 cm，花色有红、紫、黄等，在北方，花期是 6—10 月，南方是全年。喜欢生长在阳光充足和湿润的地方，不耐寒，忌干燥。露地栽培温度 13~17 ℃，适宜温度 22~25 ℃，5~10 ℃时停止生长，对土壤要求不严，疏松肥沃的沙土中生长更好。

（2）水葱，别名管子草，多年生宿根挺水草本植物，生长于我国北方各省的池畔、沟渠、沼泽地等。茎高大通直，为 1~2 m，杆单生，圆柱形，中空，有海绵状空隙组织。基部有 3~4 个叶鞘，管状，膜质，鞘长 38 cm。叶片线形，长 8 cm。苞片 1 枚，短于花序，假侧生，4~13 个辐射枝。花期 6~8 月，果期 7~9 月。15~30 ℃下生长最佳，耐低温，常用于水景布置中的后景。

（3）香蒲，又名蒲草，多年生挺水草本植物。分布于热带和温带，我国东北和华北，北美、欧洲、大洋洲等地。地下生匍匐茎，须根多，地上茎粗壮，圆柱形，不分枝，高 1~2 m。叶片狭长条形，向上渐细，二列式互生，下部鞘状，无柄。花期为 5—8 月，果实为椭圆形小坚果，种子褐色，微弯。喜欢生长在温暖湿润气候和潮湿气候，适应性强，喜光、耐寒，一般生长在浅水池塘、河滩、渠旁等水边。作为重要的水生经济植物之一，常用于点缀园林水池、构筑水景、湖畔。

（4）黄花鸢尾，又称黄菖蒲，原产于西亚、南欧北非等地，片翠绿，多年生挺水草本植物，株高、根粗、基大，花茎比叶高，黄色花瓣，褐色种子，花期为 5—6 月，花色艳丽，花姿秀美，观赏价值高，果期为 7—8 月。对环境的适应性强，耐旱耐水湿，喜光耐半阴，对土壤要求不严，能在黏土和沙土上生长。温度低时地上部分逐渐枯萎，进入休眠期，根部能越冬第二年春天萌芽，10 ℃左右抽新生叶。黄花莺尾可点缀在水边的岩石也可布置在园林的浅水区和河畔边。

3. 供试填料

填料是生物栅系统的核心部分，其材料、性能与结构直接影响和制约着生物栅系统对水体的处理效果。填料选择的原则：

（1）填料的粗糙程度较大，利于微生物的附着，形成较高活性的生物膜，填料的表面越粗糙，越容易截留污水中的悬浮物，微生物越易附着生长；

（2）填料的组成成分最好是亲水性的便于微生物吸收污水中的有机物，微生物带负电，填料应该带正电，使微生物有效的附着在填料上；

（3）比表面积大，在生物栅系统内，生物量与填料的比表面积成正比，比表面积越大，生物量越大，生物活性越高，处理效果越好；

（4）质量要轻，组装运输方便且有一定的机械强度，与植物根系契合度高，水力阻力小，工作周期长，生物化学稳定性好。

生物栅系统内填料的作用主要有以下几点：

（1）提供了微生物栖息与生长繁殖的场所和生存空间。一般情况下，生物量与比表面积成正比，填料较高的比表面积保证了系统内较大的生物量。

（2）在生物栅系统内，填料是微生物和景观水中各种营养物质相互接触的主要场所，是微生物群落降解有机污染物的场所。填料与污水水流间的相互撞击，一方面使水流形成紊流，增强传质效果，提高了氧气的转移速率和利用率；另一方面，使填料表面的生物膜与污水中有机物的接触更充分，提高了微生物对污染物的利用率，增强了生物栅系统的处理率。

（3）填料可以拦截污水中的悬浮物，降低悬浮物浓度，不仅可以降低污水的浊度，还可以降低有机负荷。

经常用于水处理的填料有固定式、悬挂式和悬浮式。生物栅系统中常用的填料有软性与半软性填料、弹性填料、组合填料等。

1）相比于软性填料的寿命，半软性填料的寿命较长，软性填料的中心绳易断裂，纤维束容易结块、缠结，结团部分易产生厌氧环境，达不到设计要求，会缩短使用寿命。半软性填料兼具刚性和柔性，布水、布气和挂膜效果均好于软性填料，但比表面积小，造价高。

2）弹性填料的丝条呈辐射立体状，与污水接触更充分，有一定的刚性和柔性，回弹性好，比表面积较大，挂膜快。填料表面由于光滑初期挂不上膜，后期生物膜不易脱落，容易导致填料区堵塞和板结。已有的研究表明利用弹性填料预处理微污染水源，对氨氮的去除率尤为突出，达到 60%，对 CODMn 的去除率达到 10%，但运行一段时间后，填料表面由于生物作用被悬浮物积泥遮盖，影响净化效果，需定期将池子放空，用高压水枪对填料进行冲洗。

3）组合填料，又称自由摆动填料，结合了软性填料和半软性填料的优点，以醛化维纶为原材料，模拟天然水草形态加工而成，骨架采用单片式结构，双圈大塑料环将纤维压在环的圆圈上，挂膜成功后，骨架自然下垂，老化的生物膜脱落后又恢复原状，循环往复，不会发生结球现象，延长了填料的使用寿命。填料盘不仅能挂膜，而且能有效切割气泡，具有适用范围广，比表面积大，阻力小，不堵塞，布水、布气性能好，造价低等优点。

悬浮填料和组合填料在为微生物提供栖息繁殖场所的同时，能吸附拦截污染物质，实现了微生物对污染物质的同化吸收与降解，CODCr 氨氮、总氮的去除率分别高于无填料对照组的 42.1%~52.2%、58.7%~71.4%、24.4%~47.8%，但组合填料比悬浮填料的总氮的去除率提高了 18.2%，更易于污染物的拦截和兼氧环境的形成。

（三）生物栅装置水质净化效果

1.CODCr 的去除效果

生物栅中有机物的去除是植物和微生物协同作用的结果，主要包括植物根系的吸收，填料上生物膜微生物的代谢作用，填料对水中不溶性有机物的沉淀、过滤、吸附等。重度富营养化水体中，填料对 CODCr 的去除率为 31.4%，美人蕉对 CODCr 的去除率为 18.6%，水葱对 CODCr 的去除率为 11.4%，香蒲对 CODCr 的去除率为 7.1%。中度富营养化水体中，填料对 CODCr 的去除率为 40.0%，美人蕉对 CODCr 的去除率为 12.9%，水葱对 CODCr 的去除率为 7.2%，香蒲对 CODCr 的去除率为 2.9%。生物栅系统对中度污染的富营养化景观水体中有机物的净化效果优于重度污染的富营养化景观水体，微生物是净化水体中有机物的主力军。

两种浓度水体处理过程中空白组与填料组、填料和植物组的去除率存在显著差异（$P < 0.05$），处理中度富营养化水体的填料组与填料和植物组之间差异不显著（$P > 0.05$）。HRT 为 24 h，CODCr 的去除速率较快，此时有机物浓度高，微生物代谢速率快，当 HRT 为 72 h 和 96 h 时，水中溶解氧和有机物浓度相对较低，微生物活性较低，有机物的降解速率变化不明显。当 HRT 为 72 h 时，生物栅系统对 CODCr 的去除率达到 57.2%~75.7%。不论是重度富营养化水体，还是中度富营养化水体，美人蕉生物栅净化效果均好于其他试验组，这主要是由于美人蕉的根系发达，根系所形成的过滤致密层，增加了与水中污染物的接触面积，也为微生物提供更多的栖息地。

2.TN 的去除效果

生物栅系统中总氮的去除通过植物的吸收，微生物的硝化、反硝化作用，氨的挥发，填料吸附等作用。通过计算重度和中度富营养化景观水体中 TN 浓度随时间的变化，可以计算出水体自净对 TN 的去除贡献率为 27.4%~27.9%，填料上微生物对 TN 的去除贡献率为 18.5%~22.3%，美人蕉对 TN 的去除贡献率为 10.2%~32.7%，水葱对 TN 的去除贡献率为 4.6%~27.3%，香蒲对 TN 的去除贡献率为 2.8%~21.9%。不同植物对氮的去除贡献率在 5%~78% 之间变化，但大部分小于 20%。研究表明，组合型生态浮床中人工介质单元、水生植物单元、水生动物单元对 TN 的去除贡献半分别为 48.5%、22.2%、29.3%。可见，植物是生物栅系统的重要组成部分，植物的存在有利于系统中 TN 的去除，其不仅吸收水中的营养盐，具有传输氧气的植物根系与纤维填料上的生物膜交替分布，形成好氧—缺氧厌氧的环境，同时根区的分泌物，提高了根际微生物数量和促进了微生物的硝化—反硝化作用，间接提高了生物栅脱氮效率。

在处理两种水体的空白组与填料组填料和植物组对 TN 的去除贡献率之间存在显著差异（$P < 0.05$），填料组与填料和植物之间差异不显著（$P > 0.05$），这说明生物栅中 TN 的去除是填料所富集的微生物和植物共同作用的结果，微生物将 NH_4^+-N 氧化为 NO_3-N，更利于植物对水中氮素的吸收。研究表明，生物栅中有机物的氨化作用、硝化作用和反硝化作用可以同时在填料和植物根系上进行，根系上主要进行氨化作用和硝化作用，填料上主要进行反硝化作用。与对照组相比，填料组对 TN 的去除率提高了 18.5% 和 22.3%，美人蕉和填料组对总氮的去除率提高了 32.5% 和 51.2%，水葱和填料组对总氮的去除率提高了 26.9% 和 45.8%，香蒲和填料组对总氮的去除率提高了 25.0% 和 40.4%。由此可知，中度污染的富营养化景观水体中 C/N 较高，更利于微生物的生长与繁殖，生物栅系统对中度污染的富营养化水体 TN 的去除效果较好，植物对 TN 的去除贡献率为：美人蕉＞水葱＞香蒲。

3.NH_4^+–N 的去除效果

重度富营养化水体中，NH_4^+-N 浓度随时间的变化而变化。当 HRT 是 96 h 时，空白组、填料组、美人蕉和填料组、水葱和填料组、香蒲和填料组对 NH_4^+-N 的去除率分别为：39.5%、55.0%、72.0%、66.2%、66.03%。填料组 3 个植物和填料组比空白组分别提高了 15.5%、32.5%、26.7%、26.5%，填料上微生物、美人蕉、水葱、香蒲对 NH_4^+-N 去除的贡献率分别为 15.5%、17.0%、11.2%、11.0%。中度富营养化水体中，NH_4^+-N 浓度随时间的变化而变化，当 HRT 是 96 h 时，空白组、填料组、美人蕉和填料组、水葱和填料组、香蒲和填料组对 NH_4^+-N 的去除率分别为：38.6%、63.9%、86.5%、80.2%、70.9%。填料组、3 个植物和填料组比空白组分别提高了 25.4%、47.9%、41.6%、32.4%，微生物、美人蕉、水葱、香蒲对 NH_4^+-N 去除的贡献率分别为：25.4%、22.5%、16.2%、7.0%。

方差分析表明，空白组与另外 4 组对水体中 NH_4^+-N 的去除效果存在明显差异（$P < 0.05$），Kotatep 认为，当水体 pH 小于 8 时，氨挥发不显著，试验过程中，对照组水体 pH 大于 8，所以对照组 NH_4+-N 的去除主要靠氨挥发。从微生物、美人蕉、水葱、香蒲对 NH_4^+-N 去除所占比重可知，植物吸收、水中微生物与纤维填料上微生物的硝化作用是水中 NH_4^+-N 去除的主要途径。水力停留的前 3 d，氨氮的去除效果较好，这是由于各单元的 DO 浓度较高，在 2.8~6.5 mg/L 之间，属于好氧环境，在好氧微生物的作用下，氨氮转化为硝酸盐和亚硝酸盐，氨氮得到较好的去除。生物栅集成系统对 NH_4^+-N 的去除率比空白池提高 30% 左右，系统中 NH_4^+-N 的去除率随硝化细菌的增加而增加。用组合生态浮床净化景观湖的富营养化水体表明，减去空白组对 NH_4^+-N 的去除率后，组合生态浮床对氨氮的去除率达到 42.4%，是传统浮床的 1.6 倍。生物栅中合理配置植物可有效地提高水中 NH_4^+-N 的去除率。

4.TP 的去除效果

生物栅系统对磷的去除途径有沉淀、植物吸收、纤维填料吸附、聚磷菌的摄磷作用等。不同植物对水中 TP 去除率一般在 5%~20%，试验中植物对 TP 的去除贡献为 3.0%~16.5%，占总去除率的 9.4%~36.4%。以组合生态浮床处理太湖梅梁湾富营养化水体，当水体交换时间为 3 d、5 d，7d 时，组合生态浮床对 TP 的平均去除率为：32.8%、46.8%、54.5%，随着 HRT 的增加，TP 的去除率增加，但幅度较慢。

重度污染水体中空白组、填料、美人蕉、水葱、香蒲对 TP 的去除率分别为 14.4%、

14.2%、16.5%、7.9%、3.0%；中度污染水体中空白组、填料、美人蕉、水葱、香蒲对TP的去除率分别为：20.3%、15.6%、16.4%、7.4%、4.6%，即各试验组对不同程度的富营养化水体中TP的去除率差别不大，各试验组单位浮床面积对TP的去除速率分别为：0.06 g/(m^2d)、0.12 g/(m^2d)、0.19 g/(m^2d)，0.15 g/(m^2d)、0.13 g/(m^2d)，所以美人蕉和填料组对中度污染水体的TP吸收效果最好。这是因为生物栅中纤维填料与美人蕉发达的植物根系交织在一起，形成一个巨大的"网状结构"，对水中不溶性磷起到拦截作用。

第二节　水资源涵养与水生态修复其他措施

一、水资源涵养与水生态修复其他措施

近年来，人们在水资源涵养与水生态修复方面进行了大量探索性研究，除上述介绍的各种措施之外，还有其他一些措施，如外源污染控制、底泥覆盖、污泥燃烧、水动力调控、物理除藻营养盐钝化、化学除藻、生物飘带技术等。

1. 外源污染控制

污染物质的输入，是造成水体污染的重要原因之一。因此，控制与削减外源性污染物的输入是水体生态系统修复及水质改善的关键手段之一，也是保证修复成功的前提。目前，外源性污染控制的主要方法有：外源截污，即切断直接排放水体的排污口；减少水产养殖投饵对水环境的影响；控制集水区内面源污染，包括减少农业化肥的使用，调整产业结构等。

2. 底泥覆盖

为控制水体内源污染，可以用沙子、卵石和黏土等材料覆盖底泥，阻止底泥中营养盐的释放，从而达到控制内源污染的目的。这种措施虽然短时间内会有一定的效果，但无法从根本上解决问题，水体中的污染物仍会源源不断地沉积在覆盖物表面。另外，覆盖材料的用量多少也很难确定，用量少了，覆盖效果差；用量多了，易造成这些材料在湖泊、池塘内的堆积，减少容积，加速水体的沼泽化和消亡过程。

3. 污泥焚烧

污泥焚烧是污泥处理的一种工艺，它利用焚烧炉将脱水污泥加温干燥，再用高温氧化污泥中的有机物，使污泥成为少量灰烬。该方法是一种减量化、稳定化、无害化的污泥处理方法。这种方法可将污泥中的水分和有机质完全去除，并杀灭病原体。污泥焚烧方法有完全燃烧法和不完全燃烧法两种。

完全燃烧法能将污泥中的水分和有机质全部去除，杀灭一切病原体，并能最大限度地降低污泥体积。焚烧污泥的装置有多种形式，如竖式多级焚烧炉、转筒式焚烧炉、流化焚

烧炉、喷雾焚烧炉。目前使用较多的是竖式多级焚烧炉，炉内沿垂直方向分4—12级，每级都装水平圆板作为多层炉床，炉床上方有能转动的搅拌叶片，每分钟转动0.5~4周，污泥从炉上方投入，在上层床面上，经搅拌叶片搅动依次落到下一级床面上。通常上层炉温约300~550 ℃，污泥得到进一步的脱水干燥，然后到炉的中间部分，在炉内750~1000 ℃温度下焚烧。在炉的底层，炉温为220~330 ℃，用空气冷却。燃烧产生的气体进入人气体净化器净化，以防止污染大气，这种焚烧炉多安装在大城市的污水处理厂。

不完全燃烧法是利用水中有机杂质在高压、高温下可被氧化的性质，在装置内的适宜条件下，去除污泥中有机物，通常又称湿式氧化、湿法燃烧。这种方法除适用于处理含大量有机物的污泥外，也适用于处理高浓度的有机废水。未经开化的污泥含有大量水分，在常压下温度只能升到100 C，加压则可获得氧化所需要的温度，加压又能降低有机物的氧化温度。例如在压力100 kN/cm^{2}左右，以250~300 ℃烧一小时的条件下，处理污水所产生的污泥，化学需氧量（COD）去除率为70%~80%，不溶性挥发固体去除率为80%~90%。这种方法的优点是可以不经污泥脱水等过程，就能有效地处理湿污泥或高浓度有机废水，耗热量小；处理后污泥残渣的脱水性能好，一般可不加混凝剂即可进行真空过滤，而滤渣含水率仅为50%左右；又因处理是在密闭的容器中进行的，基本上不产生臭味，粉尘和煤烟；处理后的残余物中的病原体已经杀灭；分离水易于生物处理。焚烧后余灰可作为资源，能重复利用。如果仍含有重金属离子等有毒物质，还须做最终处理，固化深埋。

污泥焚烧法所需投资大，管理要求高，但是不失为解决污泥围城的一种可行性方案。近年来发展了高温分解法，污泥在缺氧条件下，加热到370~870 ℃，有机物质遇热分解为气态物质、油状液态物质和残渣。气态物质有甲烷、一氧化碳、二氧化碳和氢等，液态物质有乙酸化合物和甲醇类等，固态残渣最后成为含碳2%~15%的灰分，分解时间约25 min。

4. 水动力调控

水体滞留时间过长，缺乏外来水源，水量补给不足等水动力学因素是导致许多水生态系统恶化的重要原因。针对这种状况，除采用前面已经介绍过的“生态调水”稀释和冲刷受污染水体，促进水体混合，提高水体自净程度外，还可以采用机械调控改善水动力学循环的方式，改善深水水体水质。深层水抽取技术是主要手段，一般采用虹吸方式，通过抽水管将其输送到表层，使深层水和表层水运动起来，进行交换，减少了水体分层，使得深层水停留时间缩短，以减少其转为厌氧状态的机会。水体循环可以通过泵、射流或曝气实现，该方法可以防止水体分层或破坏已形成的分层，改善好氧生物的生存环境，提高水中溶氧量，调控水体生物数量，减少水华程度和内源污染，从而达到改善水质的目的。

5. 物理除藻

水体中大量藻类的繁殖将恶化水质，产生异味，将水城中的藻类去除，从而减少水体中的营养物质，可起到改善水质的目的。物理除藻主要通过打捞方法和黏土絮凝法去除藻类，打捞法主要使用的工具是机动船、非机动船和手操网等，通过对水体中藻类的打捞和利用，可以达到削减水体中总氮和总磷的目的；黏土絮凝法利用黏土对藻类细胞的凝聚作用，吸附水面的蓝藻沉入水底，由于蓝藻是依靠光合作用进行繁殖的浮游生物，沉入水底将无法生存，从而减少水体中藻类，提高水体透明度，改善水环境。由于黏土的主要成分是硅酸盐，不会对水环境造成污染，近几年出现的改良型黏土用量少，絮凝效果较好，成本低。

6. 营养盐钝化

含 Fe、Ca、Al 等阳离子的盐，可与水体中的无机磷或含磷颗粒物结合，因此通过投加药剂可以控制水体中营养盐的迁移。常用的药剂包括氯化铁、石灰和铝盐等。氯化铁可以和硫化氢反应，形成氢氧化铁并与磷紧密结合；铝盐的投放可以在水体中形成磷酸铝或胶体氢氧化铝，进而形成磷酸铝沉底。投放石灰可以提高水体的 pH 值，使其维持在适宜微生物脱氮的水平。这种措施一般仅用于应急，在短时间内可以降低水中的污染指标，但是容易造成二次污染，并且成本较高。

7. 化学除藻

用化学药品（用硫酸铜和其他除藻剂）控制藻类可能是最原始的方法，化学药品可快速杀死藻类，适用于小范围水体，可在藻类尚未大量滋生的时候施入，常用的有硫酸铜和漂白粉，投药量随藻种和数量及其他因素而定，需经试验确定。一般硫酸铜投药量为 0.1~0.5 mg/L，几天内即能杀死大多数藻体，但往往不能消除死藻放出的气味，需要用其他试剂消除这种气味，如漂白粉和氯等。由于这种方法无法去除死亡藻类所产生的二次污染，并且化学药品的生物富集和生物放大作用对整个生态系统的负面影响较大，而且长期使用低浓度的化学药物会使藻类产生抗药性等缺点，因此，采用该方法要慎重选择，一般仅用于小范围内应急使用。

8. 生物飘带技术

生物飘带污水处理技术是利用生物飘带这种新型填料，采用淹没式接触氧化法工艺治理河道污水的一项新技术。利用生物飘带技术在河道内建设分散污水处理设施，能达到消除水体黑臭的目的。污水中的微生物一般带负电荷，而飘带表面交联了一层正电性材料，使飘带表面呈正极性，细菌更容易附着生长。另外，在飘带上可以吸附或者附着很多微生物，这些微生物可以以水中的有机物为养料生长，从而达到消耗有害物质，净化水质的目的。

二、水资源涵养与水生态修复新技术

近年来，随着国家对水资源涵养与水生态修复技术的重视，水资源涵养与水生态修复方面的新技术也不断得到发展和应用，这里举例介绍一些新的技术，虽然有的技术还不是十分成熟，应用也不是很广泛，但是随着技术的发展和成熟，水资源涵养与水生态修复方面的新技术为人们更好地治理水污染、保护水环境提供了更多的选择。

1. 水处理系统受污染滤料原位再生技术

通过计算机操纵，根据过滤器中受污滤料的实际情况，智能地确定并定量地添加复合型再生介质，自动而有序地控制超声波、压缩空气、高压水射流加入的时机和强度，全程即时反馈受污滤料再生及再生滤料的成床恢复情况。机器人可智能地执行各单元操作，其可伸缩机械臂（对称）长 0.5~3 m，能做 360° 空间动作，额定功率 3 000 w；处理后的滤料（以钢铁行业为例）的强度、破损率、孔隙率和洁净度可达新滤料的 95% 以上，再生后过滤器出水水质悬浮物＜ 10 mg/L。

2. 塔式蚯蚓生态滤池农村生活污水处理技术

该处理工艺由水解酸化池、塔式蚯蚓生态滤池以及后续的人工湿地三个单元组成。塔式蚯蚓生态滤池由多个塔层组成，每个塔层内有 30 cm 左右的以土壤为主的滤料层，是蚯蚓活动区域，也是主要的处理生活污水的区域，土壤层下是不同粒级、不同种类的填料。每个塔层下面布有均匀的出水孔，塔层与塔层之间有 40 cm 左右的空间，在污水滴落的过程中，可以充分地补充有机质分解时所需的溶解氧。腐殖化填料与微生物系统有机结合，结构优化使水力负荷及水力停留时间增大；蚯蚓、土壤生态处理系统，组合了多级厌氧好氧和兼氧单元，有效脱氮。出水水质可达到《城镇污水处理厂污染物排放标准》（GB18918-2002）一级 A 标准。运行费用：小于 0.2 元 / 吨。

3. 农村雨污分流面源污水土地生态处理集成技术

利用农户住宅附近的零散土地，构建“改良化粪池—花坛式复合基质滤床”污水处理系统，收集处理农户生活污水及当地面源污水，在削减污染负荷的同时，美化农户住宅区景观。采用的关键技术有：农户污水零散土地处理技术、沟基复合床渗滤处理技术、复合人工湿地处理技术。单位土地占有量和单位运行费低，可以节约土地资源和节省能耗，同时净化了新农村污水；采用生态技术化，增加了新农村绿化面积，美化和保护了新农村生态环境，同时节省了传统绿化带的灌溉费用。

4. 高浓度泥浆法处理金属废水技术

采用石灰中和稀疏底泥，通过沉淀污泥的粗颗粒化、晶体化来改进沉淀物形态和沉淀污泥量。往复多次循环使浆料里所有残留的中和潜力（碱残留量）得到充分使用，产生含固率高于 20% 的沉降污泥，可有效地减少碱和沉淀物对设备管道的附着力。絮凝剂投加量（PAM）5.0~6.0 g/m^3，沉淀表面负荷 1~1.5 m^3，沉降时间为 30 min，底泥浓度（含固率）15.30%。可有效减少处理设施结垢现象。简单水质矿山酸性废水运行费用为 1~1.5 元 / 吨；复杂水质矿山酸性废水为 2.5~3.5 元 / 吨；冶炼厂高污染高酸度污酸废水为 4~6 元 / 吨。

5. 迷宫螺旋泵纳米微气泡水体环境修复技术

水汽两相在迷宫螺旋内进行高速切割、混合，形成的纳米级微气泡释放到水体中，可迅速改善水体的厌氧状况。通过超微细气泡的作用实现污染水体的增氧效果，从而实现污染物的净化，控制水体中藻类暴发，改善水体生态环境状态，降低水体富营养化水平。

6. 粉末活性炭应急吸附技术

利用专用水射器混合输送装置将粉末活性炭物料直接加入水射器入口，利用水射器的高速水流带料并将物料均匀混合后输送至加药点，实现随动添加与远距离输送；其中采用随动添加技术保证投加比率的准确。该技术采集源水流量信号，粉末活性炭给料量随源水流量变化而即时变化，以确保精确定量投加。设备投资较低，投加准确，可根据不同规模水厂进行设计与加工。

7. 一体式膜－生物反应器污水处理技术

该技术将膜分离组件浸没在生物反应器内，污水进入生物反应器后，污染物被生物分解，活性污泥混合液经膜组件进一步过滤分离后得到处理出水。膜组件下部设置曝气装置，一方面，提供微生物分解有机物所需氧气；另一方面，在膜组件表面造成扰动，避免污泥在膜表面沉积。通过 PLC 自动控制与 CPRS 远程监控，实现无人值守。运行能耗较同类膜生物反应器设备节能 20%，处理规模在 2 万 ~20 万 m^3/d，运行费用为 0.5~0.8 元 /m^3。

8. 粪便减量化、无害化、资源化处理技术

采用密闭对接的方式卸载粪便；通过固液分离设备将分拣、分离、除砂、脱水等功能集成在一个密封箱体内，完成对丝织物、漂浮物的分离，并提升、压榨脱水，然后排出装置；去除粪便杂物后，将过滤的粪水经过沉沙池处理。脱水处理后产生的废渣进入堆肥车间制肥，或进行封闭包装后可以被送往垃圾填埋场填埋；固液分离后的液体进入粪便调节池，再进入絮凝脱水系统，可直接排入市政管网；经过固液分离和絮凝脱水后的滤清液可生化性较好，采用厌氧＋好氧＋膜处理的方法处理，部分出水可做工艺设备冲洗水，其余可以直接排放。粪便处理厂配置有除臭系统，生产过程中对所有臭源采取密闭或半密闭措施，并对臭气产生点进行吸风收集，然后将臭气引入处理设备，净化后经烟囱排放到大气中。

第三节　水资源涵养与水生态修复管理

一、水资源保护宣传教育

水是地球生物赖以存在的物质基础，水资源是维系地球生态环境可持续发展的首要条件。我国是一个严重缺水的国家。海河、辽河、淮河、黄河、松花江、长江和珠江 7 大江河水系，均受到不同程度的污染。

保护水资源，首先要动员全社会，改变传统的用水观念。要使大家认识到水是宝贵的，每冲一次马桶所用的水，相当于有的发展中国家人均日用水量；夏天冲个凉水澡，使用的水相当于缺水国家几十个人的日用水量；这绝不是耸人听闻，而是联合国有关机构多年调

查得出的结果。因此，要在全社会呼吁节约用水，一水多用，充分循环利用水。要形成惜水意识，开展水资源宣传教育。国家启动“引黄工程”、“南水北调”等水资源利用课题，目的是解决部分地区水资源短缺问题，但更应引起我们深思：当黄河水枯竭时，到哪里“引黄”？南方水污染了，如何“北调”？所以说，人们一定要有水资源危机意识，把节约水资源作为我们自觉的行为准则，采取多种形式进行水资源警示教育。

（一）加强水源地保护标示建设管理

水源地宣传管理碑牌工程是利用碑牌制作更好地维护和管理项目，促进水资源保护项目有效实施和运行的一种措施。

1. 宣传碑

采用石材加工，并在上面书刻管理责任单位及项目名称，项目实施时间等，具体尺寸和外观轮廓按照项目设计要求制订。所选石材应坚硬，耐风化，并能抵抗水的侵蚀，以花岗岩为佳。

2. 宣传牌

（1）管理宣传牌

为了加强管理维护及推广项目作用，同时加大警示作用，可制作一些宣传牌立于项目周围。宣传牌制作完成后要能够体现本项目的工程目的，展现项目实施主体的管理责任人，并明确地指出该项目的具体地位和运行要求，同时，利用文字或图片宣传，让人民群众加大对水环境的认识，增强他们惜水、护水的责任心，并警示他们不得破坏项目的实施成果。

（2）植物知识宣传牌

通过制作一些简易的宣传牌，并在牌上注明和标识出项目中所采用的植物名称，类别及作用等，既能让人们了解为何选择该植物作为实施物种，同时又能普及的植物知识，提高大家的知识水平。其具体的制作要求可按照设计要求。

（二）常见的水资源保护宣传标语

1. 节约用水是实施可持续发展战略的重要措施。

2. 努力创建节水型城市，实现可持续发展。

3. 大力普及节水型生活用水器具。

4. 节约用水、保护水资源，是全社会共同的责任。

5. 开源与节流并重，节流优先、治污为本、科学开源。

6. 国家实行计划用水，厉行节约用水。

7. 惜水、爱水、节水，从我做起。

8. 坚持把节约用水放在首位，努力建设节水型城市。

9. 节约用水、造福人类，利在当代，功在千秋。

10. 依法管水，科学用水，自觉节水。

11. 强化城市节约用水管理，节约和保护城市水资源。

12. 努力建立节水型经济和节水型社会。
13. 保护水资源，促进西部大开发；节约每一滴水，共同创建节水城市。
14. 节约用水是每个公民应尽的责任和义务。
15. 水是生命的源泉、工业的血液、城市的命脉。
16. 珍惜水就是珍惜您的生命。
17. 请珍惜每一滴水。
18. 世界缺水，中国缺水，城市缺水，请节约用水。
19. 浪费用水可耻，节约用水光荣。
20. 水是不可替代的宝贵资源。
21. 节约用水，重在合理用水，科学用水。
22. 树立人人珍惜水、人人节约水的良好风尚。
23. 为了人类和您自身的生命，请珍惜每一滴水！
24. 认真贯彻“开源节流并重，以节流为主”的方针！
25. 深入开展创建节水型农业、工业、城市的活动，努力建设节水型社会。
26. 如果人类不从现在节约水源，保护环境，最后一滴水将是人的眼泪。
27. 保护水资源，生命恒久远。
28. 人体的 70% 是水，你污染的水早晚也会污染你，把纯净的水留给下一代吧！
29. 节约用水，从点滴开始。
30. 要像爱护眼睛一样珍惜水资源。
31. 水是生命之源，浪费水就是扼杀生命。
32. 现在，人类渴了有水喝；将来，地球渴了会怎样？
33. 保护水资源，是全社会共同责任。
34 实行取水许可制度是水资源管理的基本内容。
35. 依法治水，兴利除害，振兴水利，造福人民。
36. 水资源紧缺是 21 世纪人类面临的最大危机。
37. 未经批准擅自取水的，依照水法规进行处罚。
38. 落实科学发展观，节约保护水资源。
39. 工业企业必须建立用水管理制度和统计台账。
40. 以水资源的可持续利用支持经济社会的可持续发展。
41. 做好农村水利工作，建设社会主义新农村。
42. 完善农业节水社会化服务系统，全面提高农业用水效率。
43. 水是大自然的血液，破坏水源等于污染自己的鲜血。
44. 依法治水，加强水资源统一管理。
45. 保护植被，涵养水源，防治水土流失和水体污染。
46. 在水工程保护范围内，禁止进行爆破、打井、采石、取土等活动。

47. 直接从江河、湖泊和地下取用水资源，都应当依法申请取水许可证。

48. 直接从江河、湖泊和地下取用水资源，都应当依法缴纳水资源费。

49 推行节水灌溉方式和节水技术，提高农业用水效率。

50. 用水实行计量收费。

51. 国全面规划，统筹兼顾，综合利用水资源。

二、加强水资源保护行政执法

所谓水行政执法，是指各级水行政主管机关，按照有关水法律法规的规定，在水事管理领域里，依法对水行政管理的相对人采取的直接影响其权利义务的具体行政行为，或者对相对人的权利义务的行使和履行情况直接进行监督检查的具体行政行为。按水行政执法的概念，水行政执法的依据是我国现行有效的所有水法的渊源，即以宪法中有关规范为根本，以民事、刑事等基本法律的有关规范为依据，以水法为中心，以相关法律、法规、规章和众多规范性文件的有关内容作补充的水法规体系。

（一）水行政执法的行为方式

水行政执法的具体行为方式主要有以下四种。

1. 水行政检查、监督。即水行政主管机关在职责权限范围内，对被管理对象贯彻落实法规情况进行检查、监督，督促他们自觉遵守水法规，正当行使权利和履行义务。如河道管理监督和取水工程的现场监督、检查。

2. 水行政许可和水行政审批。即水行政主管机关赋予相对人某种权利（如对从地下或者江河、湖泊取水单位和个人发放取水许可证，对在河道开采砂石的颁发采砂许可证等），准予从事某方面水事活动（如在河道管理范围内修建建筑物）的行政行为。

3. 水行政处罚。指水行政主管机关依法对违反法规应受惩罚的个人和单位给予的行政制裁。水行政处罚按其性质分为：吊销许可证、责令停止取水等行为罚；罚款、没收非法所得等财产罚；警告、通报批评等申诫罚。

4. 水行政强制执行。指水行政主管机关在做出行政处理和行政处罚决定，对相对人科以义务后，行政相对人逾期不起诉又不履行义务时，水行政主管机关依法采取强制措施迫使其履行义务或达到履行义务相对的状态。如《河道管理条例》规定：对河道管理范围内的阻水障碍物，按照“谁设障，谁消障”的原则，由河道主管机关提出清障计划和实施方案，由防汛指挥部责令设障者在规定的期限内消除。逾期不清除的，由防汛指挥部组织强行清除，并由设障者负担全部清障费用。

（二）水行政执法的现状

自 1988 年《中华人民共和国水法》颁布实施以来，水政执法队伍从无到有，逐步发展壮大，水政执法工作不断加强和规范，切实打击了一大批破坏水利工程设施的违法者，有效地维护了正常的水事秩序，切实做到为“三农”服务，为社会主义经济建设保驾护航。

但是，由于《水法》等法律法规颁布实施时间不长，群众法制意识淡薄，还存在着与和谐社会发展不相当的现象，如水资源浪费严重，河道范围内乱采乱挖乱弃乱建、水利工程遭受破坏。

首先，由于水行政执法不具备强制性，经常出现调查取证难、行政处罚难的现象，加之 2004 年以后水行政执法的标志、服装被取消，无形中降低了执法的威慑性，这对水行政执法工作的顺利开展造成一定的负面影响，增加了执法的难度。可以说，目前基层水行政执法基本上是处于一种被动、从属、软弱的状态，缺乏生机与活力，水事案件的来源主要依靠群众举报和基层管理人员巡查时发现。

其次，执法人员本身素质水平参差不齐，大多是从别的岗位调整来的，法律和水政水资源管理等专业人才很少，甚至有些县区根本没有。此外，还有部分地方领导对执法工作重视不够，重建轻管思想仍然存在，水利工作的重点仍是立项要钱、搞建设，不少领导的观念没有转变到依法行政、依法管理上来，对水政执法的重要性缺乏认识，认为执法工作可有可无。

再者，水政机构、人员、编制没有根本解决，而水政执法的工作性质要求其机构、人员、编制都应是行政系列。而基层水政执法机构还有相当一部分是自收自支事业单位，人员不足，且工资、待遇、职称问题都不能很好地解决，影响了机构的稳定性，也影响了执法人员的积极性。

（三）水行政执法工作中存在的主要问题

1. 执法主体内部的问题

（1）新《水法》《防洪法》《水土保持法》的执法主体已明确为水行政主管部门，而法律赋予水行政主管部门的水行政管理项目不止一项（如水资源管理，水保监督，河道管理，渔政执法等）。在具体实践中，如果水行政主管部门没有专门的综合执法机构，在执法工作中常会出现以下几种情况。一是一个管理相对人有可能要分别接受水行政主管部门内部几个管理单位的监督检查、规费征收等行业管理执法工作（如砖厂的水土流失两费是水保站征收，自备井水资源费由水资源办征收），缺乏集中统一协调，既增加了行政管理执法成本，也影响了行业监管的形象，于人于己均不利。二是当辖区内发生水事案件时，经常会出现多头执法局面（如入河排污口设置牵扯到水行政主管部门内部的水资源和河道等多个执法单位），而且，依据“一事不再罚”原则，只要有一家单位进行了处罚，其他单位不得再进行处罚，如果内部各单位相互协调不好，很容易出现矛盾。三是部门内部各执法单位人员数量、车辆装备，财政状况各异，执法人员待遇发展不平衡，人为造成部门内部执法人员心理不平衡。多头执法不仅使得执法力量被削弱，执法威慑力降低，执法成本加大，执法效率不高，缺少统一协调和标准，难以有效维护良好有序的水事管理秩序，而且使得一些单位人浮于事，当遇到棘手的水事案件时，互相推诿等靠，致使一些水事违法案件不能及时得到查处，甚至部门内部单位之间不能相互支持配合，造成行业执法混乱和执法不到位等现象，从而使国家各项水法律法规得不到很好的贯彻实施。

（2）水行政执法队伍的整体素质还不高，适应新形势的能力有待进一步加强。水行政执法队伍是站在水行政管理的第一线，是水行政主管部门的专职执法人员，其人员素质的高低直接影响水行政执法的效果，关系政府的形象，更是能保障水利工作健康有序运行的关键。就目前基层水行政执法队伍的整体素质而言，在许多方面还不能完全适应新时期依法治水的需要。大多数水政执法人员既不是法律专业的，也不是水利专业的，法律法规知识和专业知识掌握得较少，加之 95% 以上执法人员为事业编制，而且并非参照公务员管理，工资仅仅与技术职称挂钩，而对于水利行业的技术岗位设置只有水利专业，法律或者工作需要的其他专业人员均不得晋升职称，这也从某种程度上抑制了执法人员学习法律知识的积极性。因此，在查处水事违法案件过程中，部分执法人员不能灵活运用法律法规，难以界定案件性质、处罚的手段和力度，必然会影响行政执法的效率和效果。个别水政监察员甚至不能严格按照法律程序进行，如该回避不回避，该出示证件时不出示证件，在做出的行政处罚时未向被处罚人交代诉权，有的在做出行政处罚前搜集的证据不足，所认定的事实不清，使问题复杂化，增加了执法难度。

（3）行政执法依据存在缺陷，某些水法规操作性不强。新的《水法》虽然规定了依法治水的基本原则以及水资源开发利用和保护的基本原则，但是其针对性和操作性却不是很强，致使《水法》的有些规定在实际操作中难以执行。如新《水法》第六十五条规定：在河道管理范围内建设妨碍行洪的建筑物、构筑物，或者从事影响河势稳定、危害河岸堤防安全和妨碍河道行洪的违法行为，由县级以上水行政主管部 1 或流域管理机构依据职权，责令停止违法行为，限期拆除违法建筑物、构筑物，恢复原状；逾期不拆除，不恢复原状的强行拆除，所需费用由违法单位或个人负担，并处以一万元以上十万元以下的罚款。但是，需要在河流的城区段内进行项目建设的，首先要符合城市建设整体规划，并报经城建、计划经济等部门审批同意，水行政执法往往是事后介入，这就给强制拆除河道管理范围内的违法建筑物、构筑物带来重重阻力。《水法》的立法精神较难实现。除此以外，有个别的法规在实际操作中尚存在盲区，地方规范性文件的制定又没跟上，在执法中仍存在无法可依的现象。如《取水许可制度实施办法》和《省取水许可制度实施细则》规定：取水许可实行分级限额审批、发证和监督管理。但对于审批的标准却没有详细的规定，各县区结合本地的地域环境做出的不同审批标准一旦发生纠纷，提起诉讼，对最后的结果难以把握。再如《取水许可监督管理办法》规定年审，对拒绝年审者没有处罚规定，这就大大削弱了水政执法力度。

（4）水法规的宣传方式和方法需要改变。近年来，水法及水法规相继出台，水法制体系逐步完善，水法规的宣传力度也不断加大，但仅仅局限于“世界水日”“中国水周”等活动期间集中宣传，所采用的方式仍是宣传车、标语等一些老套的方法，内容也只是千篇一律的口号式，因而群众只知道“法”，根本没掌握某项法规的真正内容，更不知其精髓。大多数人不了解哪些行为是水法规所禁止的，哪些行为是违反水法规的，少数群众受“法不治众”观念的影响，群体性水事违法案件近年来逐渐增多，由此给水行政主管部门执法造成被动的局面，无形中增加了执法的难度，同时也给违法行为当事人造成重大经济损失。所以，宣传了多年《水法》，功夫没少下，力气没少费，实际达到的效果甚微。

2. 执法主体外部的问题

（1）一是群众的观念问题，即对于水资源可持续利用的认识问题。由于这些误区的存在，相当一部分公民的法律意识不强，不能很好地配合水行政主管部门的执法，导致水行政执法困难，以至受阻。人们的传统观念和习惯行为使水事违法活动屡见不鲜。实践过程中，不少当事人认为水行政主管部门对其依法实施监督管理是跟他们过不去，认为他们所从事的那些水事活动不可能影响防汛抗洪，是水行政执法人员用大帽子压人、威吓他们，在心理上产生了对立情绪，在行为上往往对依法履行巡查的工作人员表现出不配合，甚至竭力阻挠。部分单位以其是“招商引资”单位为借口，不配合水行政执法人员的工作，“进门难”“取证难”的现象更是时有发生。

（2）水行政执法由于没有直接的强制手段，加之管理相对人成分复杂、素质偏低，多数为农民，水法律意识淡薄，面对执法人员采取避而不见或不予理睬的态度拒不配合，更有甚者，态度蛮横，谩骂、围攻水政执法人员，一些旁证害怕报复，不敢做证，给水政执法人员调查取证带来相当大的困难，从而影响水事案件的查处；另外，在水事违法案件中，执法人员既要调查取证，又要履行执法程序，还要申请法院强制执行，由此造成时间过长，执法难度加大。

（3）行政干预是现在执法中遇到的普遍问题，在水行政执法过程中也不同程度地存在。水涉及千家万户、各行各业，水的有限性、特殊性和不可替代性决定了水行政执法的重要性。我们的执法对象与其他执法部门相比，较为分散，遍布城乡，且管理相对人的人员结构、文化素质、历史背景也比较复杂。除普通公民外，还包括许多法人和集体组织，而且涉及国计民生，极易引起地方保护和行政干预，少数领导干部法律意识淡薄，受短期效益和本位利益驱动，特别是近几年的“招商引资”“重点工程”等项目，更助长了地方保护主义的恶性膨胀，不按法律法规办事，随意指使他人从事水工程或水事活动。违反法律、法规规定的权限和程序，擅自主张，进行行政干预，以权代法、以言代法、致使水行政执法人员在执行公务中事难做，案难办，大大增加了执法工作的难度。这些都导致了有法“难”依、执法“难”严、违法“难”究现象的出现，影响了法律的权威性、严肃性、公正性，阻碍了社会主义法制建设的步伐。

三、水资源优化配置管理

在流域或特定的区域范围内，遵循有效性、公平性和可持续性的原则，利用各种工程与非工程措施，按照市场经济的规律和资源配置准则，通过合理抑制需求、保障有效供给、维护和改善生态环境质量等手段和措施，对多种可利用水源在区域间和各用水部门间进行的配置。由于社会的资源供应有限，而人类的欲望通常又无限，同时水资源具有多种不同可供选择的用途，所以为了实现水资源的优化配置，要从两方面做起：一是提高水资源的分配效率，二是提高水的利用效率。在水资源分配过程中，充分考虑人类社会、经济、生态、环境等因素，合理利用水资源系统的时空变异特征，优化水资源在地区之间、部门之间，以及上下游、左右岸、经济与生态与环境等之间的分配，实现水资源利用的效率与公平。

（一）水资源优化配置的定义

水资源优化配置的主要内容有：在空间上，通过跨地区、跨流域调水来调剂水资源的余缺；在时间上，通过水库等调节工程来解决年内和年际水资源分布不均匀的问题；在不同的国民经济用水部门间，按照协调发展的投入产出关系实行计划供水；在近期目标和长远目标之间，既要注重满足当前需要，也要积极进行水资源的保护与治理，以形成水资源开发的良性循环；在开源与节流的关系上，坚持在节约的基础上扩大供水能力，控制需水的过度增长；在水资源的开发利用模式上，不仅，要重视原水的开发，还要注重污废水的再生处理及回用；在除害与兴利的关系上，要注重化害为利，将洪水转化为可用的水资源。

人们对水资源优化配置的认识是分阶段的：

第一阶段："以需定供"和"以供定需"两种思想片面的水资源合理配置模式。最初，人们对水资源的认识是"取之不尽，用之不竭"的，只注重发展经济效益，几乎没有节约的意识，只是以需求量为最终的目标，通过各种措施，从大自然中无节制或者说是索取水资源，不只导致河道断流，土地荒漠化甚至沙漠化，地面沉降，海水倒灌，土地盐碱化等等，而且没有体现出水资源的价值，与协调发展的想法相违背。而部分人士了解到水资源的相对短缺后，以水资源的供给可能性进行生产力布局，强调资源的合理开发利用，以资源背景布置产业结构，在可供水量分析时与地区经济发展相分离，依旧不能实现资源开发与经济发展的动态协调，"以供定需"既不能使水资源得到充分的使用，同时有可能阻碍经济的发展，同样不适合当今社会的发展。

第二阶段：基于宏观经济的区域水资源优化配置理论。结合"以需定供"与"以供定需"两种理论的不足，为了达到经济发展水平与供需动态平衡，基于宏观经济的水资源优化配置理论应运而生。

基于宏观经济的水资源优化配置，认为水资源系统是区域自然—社会—经济协同系统的一个有机组成部分，通过投入产出分析，从区域经济结构和发展规模分析入手，将水资源优化配置纳入宏观经济系统，以实现区域经济和资源利用的协调发展，而不是仅仅局限于水资源系统。然而区域宏观经济系统的长期发展，既受内部因素的制约，如投入与产出结构，又受外部条件的制约，如自然资源和环境生态。经济规模的增长会促进水需求的增长，但是供给的紧缺也会限制经济的增长并促使经济结构做适应性的必要调整。所以说，水资源系统和宏观经济系统之间具有内在的、相互依存和相互制约的关系。

这种基于宏观经济的水资源优化配置与环境产业的内涵及可持续发展观念不相吻合，

它忽视资源自身价值和生态环境的保护，并未将其作为一种产业考虑到投入与产出的流通平衡中，水环境的改善和治理投资也未进入投入产出表中进行分析，必然会造成环境污染或生态遭受潜在的破坏。1993 年，我国因水污染造成的损失为 302 亿元，水资源破坏引起的损失为 124 亿元，两者合计约占当年国民生产总值的 1.23%。对江苏省自然资源（以水、大气资源为例）核算的结果表明，以 GDP 为主要衡量指标的传统国民经济核算体系过高地估计了江苏省经济的增长水平，江苏省经济增长存在较为严重的环境负债，仅水和大气的环境价值损失，1994—1997 年都在 410 亿 ~470 亿元左右，平均约占当年 GDP 的 7.6%，若再加上其他环境资源和物质资源价值损耗，这一数值还会增大。因此，传统的宏观经济理论体系有待更新。

第三阶段：可持续发展的水资源合理配置。水资源优化配置的主要目标就是协调资源、经济和生态环境的动态关系，追求可持续发展的水资源配置。可持续发展的水资源优化配置是基于宏观经济的水资源配置的进一步升华，以人口、资源、环境和经济协调发展的战略原则为根本，在促进经济增长和社会繁荣的同时，注重保护生态环境（包括水环境）。对于水资源的可持续利用，主要侧重于“时间序列”（如当代与后代、人类未来等）上的认识，对于“空间分布”上的认识（如区域资源的随机分布、环境格局的不平衡、发达地区和落后地区社会经济状况的差异等）基本上没有涉及，这也是目前对于可持续发展理解的一个误区，理想的可持续发展模型应是“时间和空间有机耦合”。因此，可持续发展理论作为水资源优化配置只是一种理想模式，与现实是有一定的差距的，但它必然是水资源优化配置研究的发展方向。

第四阶段：以宏观配置方案为总控的水资源实时调度。随着人口的不断增长，用水量的不断增加，许许多多不利于社会、经济、生态、环境可持续发展的生态环境问题产生，究其根本，是由于国民经济用水和生态环境用水两大系统之间，以及系统内部各用水部门之间水资源调配不当，解决这一问题的根本在于建立与流域水资源条件相适应的合理生态保护格局和高效经济结构体系，统一合理调配流域水资源，实现流域可持续发展。但是由于受到各地区水资源管理体制的限制，我国在水资源统一调配方面的实践未能实质性地全面展开，现实问题依然严峻，所以流域水资源统一调配与管理迫在眉睫。

第五阶段：经济生态系统中的广义水资源合理配置。水资源合理配置是解决区域水资源供需平衡的基础，以往的水资源配置不仅不能与社会、经济、人工生态和天然生态统相协调发展，并且在配置水源上也是不全面，许多可利用的水资源也未被考虑其中，如对土壤水的配置涉及较少，甚至没有，不能正确反映区域各部门、各行业之间的需水要求，不尽合理。遵从全新的广义水资源合理配置理论及其研究方法，从广义水资源合理配置的内涵出发，在配置目标上，满足经济社会用水和生态环境用水的需要，维系了区域社会—经济—生态系统的可持续发展。在配置基础上，以区域经济社会可持续发展以及区域人工天然复合水循环的转化过程为基础，揭示了水资源配置过程中的水资源转化规律，以及配置后经济社会和生态系统的响应状况，为区域水资源的可持续利用提供依据。在配置内容上，不仅对可控的地表水和地下水进行配置，还对半可控的土壤水以及不可控的天然降水进行配置，配置的内容更加丰富；从配置对象的角度来看，在考虑对生产、生活和人工生态的基础上，增加了对天然生态配水项，配置对象更加全面，同时在对水资源量进行调控的同时，还对水环境即水质情况也进行调控，实现水量水质统一配置。在配置指标上，将配置指标分为三层：第一层为传统的供需平衡指标，反映人工供水量与需水量之间的缺口，用缺水量或缺水率表示；第二层为理想的需要消耗的地表地下水量与实际消耗的地表地下水量之间的差值；第三层是广义水资源（包括降水转化的土壤水在内）的供需平衡指标，即经济和生态系统实际蒸腾蒸发消耗的水量与理想状态下所需水量的差值，反映的是所有供水水源与实际耗水量之间的缺口。

所建立的经济生态系统广义水资源合理配置模型由多重模型动态耦合而成，以水资源合理配置模拟模型为核心，嵌套了区域水资源承载力模型、水循环模拟模型、宏观经济发展预测模型、水资源多目标优化模型、水资源合理配置模拟模型、工程经济效益分析模型和绿洲生态稳定性预测模型等。

（二）水资源优化配置的原则

资源有限而需求持续增加导致了供需失衡的现象，所以在水资源有限的情况下，对用户用水量的分配也就存在着先后顺序。水有着流动性、随机性、易污染性、利害两重性等不同于其他自然资源的特有属性；而且对于不同的用户，时间、地点、用量不同导致对于水资源的分配就会更加困难。现阶段，水资源配置的一般原则为：时间上的优先顺序为现状用水户、潜在用水户（将来增加的需水量）；在空间上的优先顺序为先上游后下游，先本流域后外流域；用水性质的优先顺序为生活用水、生产用水、生态环境用水。按照上述原则分配水资源有其局限性，表现为：外流域现状用水户对本流域潜在用水户的用水影响；上游潜在用水户对下游现状用水户的用水影响。

（三）水资源优化配置的全局性

水资源优化配置是一个全局性问题，对于缺水地区，合理规划，保证供需平衡；对于水资源丰富的地区，应提高水资源的利用率。目前我国水资源严重短缺的地区，水资源的优化配置受到高度重视，我国水资源优化配置取得的成果也多集中在水资源短缺的北方地区和西北地区，对水资源充足的南方地区，研究成果则相对较少；在水量充沛的地区，往往存在因水资源的不合理利用而造成的水环境污染破坏和水资源的严重浪费，需要给予高度重视。例如，处于我国经济发展前沿的广州市，地处河网区域，其水量充沛，但由于不合理的开发利用，水环境遭受破坏，出现了有水不能用的尴尬局面，不但不利于广州市的经济持续发展，也必然影响全国水资源的优化配置。

解决水资源时空分布不均的有效措施，便是跨流域调水工程。我国的南水北调工程在解决水资源时空分布不均的问题上显得尤为重要，此项目的实施，必须经过周密的研究，综合调入区、输水沿线和调出区的经济发展和生态环境的保护，加强对水资源调出区经济、社会、资源和环境等方面的研究，才有可能实现。同时要注意各地区对水资源的利用率，注意节省，响应国家的号召，为建设节水型城市做贡献。

四、加强水资源保护

加强水资源保护可以从以下几方面入手。

1. 加强法制建设，健全法制保障体系

要在国家现有水生态环境保护法律法规框架下，进一步加强水资源保护法制建设，明确水资源保护管理的主体、原则、内容和程序，规范和完善水资源保护管理公开、保障、监督和责任追究制度，健全水资源保护行政许可、行政执法和法制监督工作规程，增强水资源保护行政管理的针对性、可操作性和社会协同力。同时，制订海河流域水资源保护的技术标准，切实增强海河流域水资源保护工作的科学性、实用性和可操作性。不断完善健全相关领域法制建设，为水生态文明建设提供强有力的法制保障。

2. 健全规划体系，发挥引领约束作用

要以海河流域综合规划为统领，以流域水资源保护规划、水资源综合规划、水生态系统保护与修复规划为基础，以水功能区达标建设、饮用水水源地保护、河流湖泊功能修复、地下水压采、突发水污染事件应急处置为依托，构建定位清晰、功能互补、目标衔接、任务明确的水资源保护空间规划体系，推动城乡饮用水水源地保护，推进河流水生态保护与修复，指导控制地下水超采，协调水污染事件防控，有效保护饮用水源，维护河湖生态健康。同时，加强规划的实施监管，开展规划评估，及时发现问题，采取有力措施，确保规划目标任务的顺利实施。

3. 健全指标体系，明确水生态保护红线

要结合海河流域经济社会发展实际，以河流为单元划定生态红线，用于明晰流域的功能保障基线、环境安全底线和资源利用上限，实现在过程中指导、约束水资源开发利用与保护行为乃至人们活动行为。要全面分析水资源和水环境承载能力，统筹资源保护与经济社会的协调发展，保持保护与防治的协同推进，坚持水质、水量、水生态一体化管理，明确河流合理流量以及湖泊、水库和地下水适宜水位，提出生态保护区、水源涵养区以及河湖、湿地、河口的保护目标，制定水质保护、水量保障、水生态修复的时空对策措施，以资源承载能力促进经济发展方式转变。要进一步落实政府目标责任，按照资源、经济、环境协调并重原则，建立健全保护目标的指标评价体系（包括科技创新、公共财政投入和机构建设等指标），明确工作任务和各级政府的职责，并纳入政府绩效考核，促进流域水生态系统保护目标的实现。

4. 强化行政监管，维护河湖健康生态

要进一步推进依法行政，强化水资源保护行政监管。规范行政审批程序，完善取水许可、入河排污口审批、核准和登记备案等水资源行政管理制度。推进水资源保护、水生态修复要求与各行业特别是水污染防治规范标准的衔接。加强水功能区监督管理，规范水资源与水生态安全性评价体系。推进水功能区达标建设、饮用水水源地建设、入河排污口整治建设，努力实施河湖水系连通工程，实现水源保障、水质安全、生态环境良好。制定扶持政策和引导措施，协调好与其他水利工程衔接，实施岸带工程、控制或削减面源污染工程，实现流域河流湖泊水清、岸绿，保障流域生态系统良好。

5. 完善监测预警管理，主动防范环境风险

要以水功能区为单元，构建水质、水量、水生态一体化的监测站网体系，建立常规与自动相结合、定点与机动相结合、定时与实时相结合的监测模式，提高水资源监控、预警和管理能力，实现水环境监测及时、准确、有效。建立覆盖全流域各级实验室的通信与网络系统，通过规范化的信息管理，实现流域水质监测数据的共享和传输，满足各级水行政主管部门及社会公众对水质信息的需要。理顺信息流通的通道，严格信息的收集、存贮、处理和传输管理，建立统一的信息存贮交换标准，保证信息的准确性，实现监测预警、信息发布规范有效。提高公众知情权，实行社会参与监管，有效防控水生态环境风险。

6. 建设生态补偿机制，促进源头生态保护

要加快建设生态补偿机制，应坚持使用资源付费和“谁污染环境、谁破坏生态谁付费”的原则，明确补偿责任主体，实行自然资源的有偿使用制度，共同保护和改善生态环境、保持流域协调发展，实现从源头上保护流域水生态环境。近期重点做好海河流域饮用水水源地保护、地下水严重超采区治理、重要河湖生态修复、水土流失防治等类型生态补偿机制建设。按照“谁开发谁保护，谁受益谁补偿”的原则，注重调整保护者与受益者、破坏者与建设者间的利益关系，调动各方保护生态环境的主动性、积极性。

7. 加强区域部门协作，有效开展应急管理

要不断健全完善流域区域、部门之间水生态保护协作机制，促进跨地区、跨部门信息共享和联席会议、联合监管。建立健全流域应急处理工作机制，完善地区间、部门间突发事件信息通报、联动响应制度。完善突发水污染事件应急监测体系，健全各级应急监测队伍，注重开展应急演练，提高应急监测人员的实战能力。建设突发水污染处置管理平台，实现水污染事件风险源空间信息、风险等级信息、风险预警信息的共享查询，实现水污染事件应急处置、分析、预警、会商现代化、信息化，为在水污染事件处置过程中各部门、行业间的协商、协调、协同、协作提供有效支撑。

8. 加强宣传教育工作，提高全民生态文明意识

建设水生态文明，需要得到流域广大人民群众的认同、关心和支持。要通过电视、网络、报纸等大众媒体，进一步加强国家政策和相关法律法规的宣传，加强相关规划、项目、成果的宣传，提高人们对流域生态文明建设重要性、紧迫性的认识，营造知法、懂法、守法和合力保护修复流域水生态的良好氛围。要加大对流域水资源水生态保护工作的培训力度，培养各级部门单位在水资源水生态保护工作中监管、科普宣传教育和基础能力建设等方面的作用。加强对社会组织的引导，建立健全社会动员机制，鼓励社会组织参与水资源

保护技术服务、科普教育、产品研发等活动，引入市场机制和竞争机制，优化资源配置，发挥社会力量作用，促进水资源保护公共服务能力和管理水平的不断提高。建设水生态文明是一个流域问题和社会问题，需要全流域、全社会的积极参与和长期努力。要切实按照党的十八大报告提出的“树立尊重自然、顺应自然、保护自然的生态文明理念，把生态文明建设放在突出地位，融入经济建设、政治建设、文化建设、社会建设各方面和全过程，努力建设美丽中国，实现中华民族永续发展”的要求，海河流域人民齐心携手，强化水资源保护，促进生态环境改善，共建海河流域美好未来。

随着城市化进程的加快，工业化日渐发展，河道水体污染问题愈加显现。为更好促进可持续发展，人们日渐开始重视河道治理工作，研究出一系列的应用技术，其中水生态修复技术广受重视。基于此，文章切合实际应用，较详细地阐述了水生态修复技术应用于河道治理工作上的具体方式。水生态系统是指生物在一定自然状态下生存发展的某种状态，一个完整的水生态系统应该包括水生植物、水生生物、原生生物等，充分应用生态循环，对水中污染物进行转移、降解，促使环境改善，修复生态环境。

（一）当前河道治理的现状

目前，我国面临的主要河道问题是生态修复问题，在河道污染日益加重的今天，控制污染源的同时更要进行生态修复。河道污染严重影响生态物种的多样性，造成河流生态结构的破坏，甚至造成洪涝灾害，削弱河道的修复能力，导致周边环境以及生态系统的破坏，严重影响生物物种的活动。在国际水污染治理工作中，多采用工程造价较低、运行成本较低的控制污染源和生态修复相结合的方法。实施“截污治污、恢复生态”工程。

（二）水生态修复技术

1. 生态修复技术概述

生态修复技术的应用原理是对于受破坏的水生环境，转化、分解、吸收水中的污染物，通过水生动植物和微生物等进行，从而达到水生态修复，环境得到优化提升的效果。生态修复技术多是利用某一动植物或者微生物进行修复，还可以通过不同的动植物、微生物在不同的水生层次进行修复，逐渐构成水生态系统。但是也存在着一定的弊端，动植物生长速度难以控制，容易发生生物入侵、破坏生态链等问题。

2. 水生态修复主要技术类型

在河道治理工作中最重要的一个环节就是截污。目前，部分地区污水管道仍然存在着较大的弊端，尚未健全，同时远离市区的远郊农村配套管道设施并不健全，生活在河边的居民，经常直接将生活污水排放到河道中，长此以往，便容易造成河道水质氨氮、总磷、总氮等超标。据了解，现在常用的生物修复技术有人工浮岛技术，其原理是根据实际情况对本土的净水物质进行过滤，从水面上的植物入手，通过植物根部对污染物进行吸附、净化。目前，人工浮岛技术常常应用于景观方面，特别是城镇化区域的河道上，该项技术具有工程量小、效果好、方便维护等特点。曝气增氧技术，是指人工向水体中充入空气，加速水体复氧过程，以提高水体的溶解氧水平，恢复和增强水体中好氧微生物的活力，使水体中的污染物质得以净化，从而改善河流的水质。微生物修复技术是指利用微生物，将存在于水体中的有毒有害的污染物降解或转化为无害物质，从而使污染生态环境修复为正常生态环境的工程技术体系。

（三）生态修复技术在河道治理中的应用要点

1. 合理配置植物种类

植物种类的合理配置对于河道生态系统的维护起到至关重要的作用。不同的动植物对于生态环境的要求也是不同的，水质、土壤微量元素的含量以及阳光照射、湿度均有所要求，这就需要选择正确适宜的植物进行配置，依据不同的水位，结合当地的实际情况进行配置，在不破坏原有生态圈的基础上，加强动植物的调节、完善作用。

2. 水体生态修复水循环系统的合理配置

水体生态系统是整个水生态的关键，通过恢复水体生态实现建设河流的多样性，强化自身的净化、筛选能力。河流形成的多样性，包括水体生态系统的完善以及强化，可以有效地减少水体污染程度。根据水体的复氧处理，需要合理使用曝气增氧的方法，提高水体含氧量，确保水体氧化还原电位，同时可以削减消耗有氧的物质，适当地修复已经受到一定破坏的生态链，从而达到净化水体的功能。

3. 营造生物群落的多样性

以生态系统食物链来营造生物的多样性，从而发挥修复水生态的作用。该技术与运用植物净化的原理相同，均能有生态净水的目的。在实际操作过程中，微生物的生长环境是整个水生态系统，栖息在河道中的水生生物、微生物、藻类通过利用食物链的方式建立联系，从而逐渐恢复河流已经被破坏的生态系统，避免水生态环境进一步地恶化，形成一个完整的净化体系。河道治理过程中需要符合科学性以及合理性的原则，水生态修复系统应该因地制宜，按照具体问题具体分析的原则，开展各项工作。

结 语

综上所述，流域水资源系统作为一开放的复杂巨系统，其管理的不确定性因素日显突出。不确定性是管理取得成功的巨大障碍，减少不确定性就可以增加管理成功的机会。流域水资源适应性管理应运而生，从试错、验证、调整的思路展开研究，为水资源管理提供有别于传统“精准”方法的可行性方案，具有一定的科学实践意义。但我们的研究仅仅是初步的，有待进一步完善。

现阶段我国水资源利用率较低以及大量浪费水行为的存在，就需要政府通过定价的方式彰显水资源的珍贵，为水资源定价其实就是其无价的一种体现。我们也不能局限于用钱来衡量水的价值，而更要看到其背后的真正意义，从自身做起，从小事做起，建立节水型社会，提高水资源利用率，为水资源可持续利用贡献自己的一份绵薄之力。在水资源短缺的形势下，我们需要以水资源持续利用为目标，以提高水资源利用效率为核心，以非充分灌溉理论为指导，以减少无效蒸腾蒸发量为手段，提高农业水资源利用效率，保障农业持续发展。

水文水资源统合管理是在民生水利理念下，努力适应中国水文水资源条件和情势的探索，是水文水资源常态和应急管理双重情景中的策略选择，是对未来水文水资源管理发展模式的积极研讨。目前，水文水资源统合管理技术理论尚不成熟，需要学术界和管理部门勇于创新与实践，为环境变化和发展过程中的中国水资源安全提供更好的管理模式。

参考文献

[1] 李卫东 . 水资源综合利用与管理规划探究 [J]. 科技创新与应用，2019(01)：185-186.

[2] 孟龙，原军玲，王君好 . 水资源可持续利用与管理探析 [J]. 南方农机，2019，50(04)：225.

[3] 陈庆峰 . 水资源可持续利用与管理探析 [J]. 中国水运，2019(07)：104-105.

[4] 郭孟卓，赵辉 . 世界地下水资源利用与管理现状 [J]. 中国水利，2005(03)：59-62.

[5] 刘丹，刘萍，樊籽均 . 城市雨水资源化利用与管理策略探讨 [J]. 中国水运（下半月），2013，13(03)：70-71.

[6] 党建宝，肖敏艳 . 我国水资源利用与管理问题研究 [J]. 陕西农业科学，2013，59(04)：185-187.

[7] 郭勇 . 新疆玛纳斯河流域水资源利用与管理 [J]. 水利科技与经济，2013，19(07)：81-82+86.

[8] 刘德民，罗先武，许洪元 . 海河流域水资源利用与管理探析 [J]. 中国农村水利水电，2011(01)：4-8.

[9] 严鹏 . 灌区水资源综合利用与管理措施 [J]. 现代农业科技，2011(03)：285.

[10] 钟方雷，徐中民，程怀文，盖迎春 . 黑河中游水资源开发利用与管理的历史演变 [J]. 冰川冻土，2011，33(03)：692-701.

[11] 陈广荣 . 浅谈广西玉林市水资源利用与管理 [J]. 技术与市场，2011，18(07)：325-326+328.

[12] 王传尧，王金虎，刘海燕 . 德州市黄河水资源利用与管理 [J]. 山东水利，2011(06)：24-26.

[13] 姚安琪 . 哈密市水资源利用与管理 [J]. 水利发展研究，2018，18(03)：38-40.

[14] 顾青林 . 新时期雨洪资源利用与管理思考 [J]. 能源与环保，2018，40(08)：138-140.

[15] 孙军伟 . 新疆头屯河流域水资源利用与管理措施研究 [J]. 山西水利，2019，35(11)：11-13.

[16] 贾嵘，沈冰 . 水资源可持续开发利用与管理研究 [J]. 西北农林科技大学学报（自然科学版），2001(04)：85-89.

[17] 郑亚西 . 西部水资源利用与管理有关问题的研究 [J]. 四川师范大学学报（自然科学版），2001(06)：634-636.

[18] 贺元甲 . 内蒙古河套灌区水资源利用与管理研究 [J]. 内蒙古水利，2010(03)：14-15.

[19] 田志林，聂建中，孙建勋 . 农业水资源高效利用与管理 [J]. 水科学与工程技术，2010(03)：29-30.

[20] 王宜伦，刘楠，任丽 .《农业资源利用与管理》课程教学与农业资源意识的培养 [J]. 江西农业学报，2010，22(08)：184-185+188.

[21] 郭胜利，郭成 . 雨洪资源的利用与管理 [J]. 水科学与工程技术，2010(S1)：29-30.

[22] 曹永强 . 洪水资源利用与管理研究 [J]. 资源 · 产业，2004(02)：21-23.

[23] 王力飞，郭丽俊 . 乌海市水资源可持续利用与管理之探讨 [J]. 内蒙古水利，2012(03)：90-91.

[24] 刘同凯，贾明敏，马平召 . 强化刚性约束下的黄河水资源节约集约利用与管理研究 [J]. 人民黄河，2021，43(08)：70-73+121.

[25] 吴新民 . 切实加强土肥水资源利用与管理 [J]. 湖南农业，2008(02)：1.

[26] 李芬明 . 浅议平安地域水资源的利用与管理 [J]. 青海科技，2009，16(04)：118-119.

[27] 程斌，李援农 . 浅析城市水资源的合理利用与管理 [J]. 杨凌职业技术学院学报，2009，8(03)：28-29.

[28] 王跃刚，边境 . 吉林省政府召开"节水型社会建设"新闻发布会水资源利用与管理将向集约型转变 [J]. 吉林水利，2006(01)：1.

[29] 杨国华，周永章，陈庆秋 . 珠江三角洲水资源可持续利用与管理研究述评 [J]. 热带地理，2006(01)：18-22.

[30] 周华，李嘉 . 循环经济下的四川省水资源利用与管理 [J]. 水利经济，2006(05)：54-56+83.

[31] 余海洋 . 浅谈水资源利用与管理模式 [J]. 西部探矿工程，2006(12)：306-307.

[32] 曹永潇 . 黄河下游泥沙资源利用与管理研究 [J]. 价值工程，2015，34(24)：11-13.

[33] 李周，包晓斌 . 塔里木河流域水资源利用与管理分析 [J]. 南水北调与水利科技，2003(04)：28-32.

[34] 朝伦巴根，丁雪华 . 农业水资源利用与管理专业学分制、双专业制教学计划试行办法 [J]. 内蒙古农牧学院学报，1987(03)：241-248.

[35] 努尔买买提·居买 . 塔里木河流域水资源开发利用与管理分析 [J]. 黑龙江水利科技，2013，41(10)：136-138.

[36] 盛天彪 . 浅谈大湖湾灌区水资源利用与管理模式 [J]. 甘肃农业，2013(17)：72-73.

[37] 孙增俊 . 浅析水资源利用与管理的几个原则 [J]. 辽宁广播电视大学学报，2007（02）：97.

[38] 徐国琼 . 广西水资源开发利用与管理探讨 [J]. 广西水利水电，2007（06）：19-21.

[39] 朱尔明，刘斌 . 水资源开发利用与管理：从美国科罗拉多河看黄河 [J]. 中国水利，2000（03）：14-16+4.

[40] 邓柏善 . 法国水资源利用与管理 [J]. 湖南水利水电，1999（06）：34-35.

[41] 谢琼，王红瑞，柳长顺，高媛媛 . 城市化快速进程中河道利用与管理存在的问题及对策 [J]. 资源科学，2012，34（03）：424-432.

[42] 杨劲松，彭湃，赵芳 . 国内外城市雨水资源化利用与管理体系比较 [J]. 山西建筑，2012，38（11）：123-125.